# 发酵工程实用技术

主　编　范文斌　高仙灵

副主编　杨秀丽　张记霞　邢少峰

参　编　党福军

北京理工大学出版社

BEIJING INSTITUTE OF TECHNOLOGY PRESS

# 内 容 提 要

本书适用于发酵技术课程的教学做一体化模式授课，以发酵行业相关岗位的典型工作任务的技能要求组织内容，全书由发酵工程基础知识、技能和发酵工艺综合实训2个模块组成，编排了发酵工程中常见的操作技术：发酵工业的灭菌技术、发酵培养基的制备、空气的过滤除菌、发酵工业菌种操作技术、发酵设备的操作、发酵过程控制技术，同时还精选了啤酒的酿造工艺、发酵乳制品的生产工艺、谷氨酸的发酵、青霉素的发酵生产等有代表性的产品生产实例，每个项目以生物发酵行业具体岗位的工作过程为流程设计，实践操作考虑到学生的知识基础、学校的实训条件、行业的岗位要求等因素，注重实用性和可行性，既能满足学生的基础技能训练，又有综合型的实训作为提高的基石。

本书可供高等职业院校药品生物技术、药品生产技术、生物制药技术、农业生物技术、绿色生物制造技术专业学生和教师使用，也可供相关行业的初中级技术人员和企业员工培训使用。

**图书在版编目（CIP）数据**

发酵工程实用技术 / 范文斌，高仙灵主编. -- 北京：
北京理工大学出版社，2024.4
ISBN 978-7-5763-3237-7

Ⅰ.①发…　Ⅱ.①范…②高…　Ⅲ.①发酵工程－高
等学校－教材　Ⅳ.①TQ92

中国国家版本馆CIP数据核字（2023）第244416号

---

| 责任编辑：江　立 | 文案编辑：江　立 |
|---|---|
| 责任校对：周瑞红 | 责任印制：王美丽 |

**出版发行** / 北京理工大学出版社有限责任公司

**社　　址** / 北京市丰台区四合庄路6号

**邮　　编** / 100070

**电　　话** / (010) 68914026（教材售后服务热线）
　　　　　　 (010) 63726648（课件资源服务热线）

**网　　址** / http://www.bitpress.com.cn

**版 印 次** / 2024年4月第1版第1次印刷

**印　　刷** / 河北鑫彩博图印刷有限公司

**开　　本** / 787 mm×1092 mm　1/16

**印　　张** / 11.5

**字　　数** / 307千字

**定　　价** / 79.00元

# 前言

发酵工程是在传统发酵技术的基础上，结合现代基因工程、细胞工程、机械工程等新技术发展而来的一门综合性应用学科，既是现代生物技术的重要分支，也是现代制药工业、食品工业的重要技术支撑。发酵工程作为生物工程的核心内容之一，对生物技术产业化起到非常重要的作用，是生物技术理论向生物产品生产转化的桥梁，在生物医药领域的生产实践中得到广泛应用。

发酵技术课程是药品生物技术专业和生物制药技术专业的核心课程，对学生职业技能的培养起到重要作用。为了满足高等职业院校相关专业对发酵技术课程的教学要求，达到培养应用型人才的目的，编者依据职业教育提倡的"教学做一体化"教学模式，以项目化教学的体例进行编写，将发酵行业的突出事迹、典型人物引入教材，达到润物无声、育人无痕的效果，理论教学和实践教学相结合。每个项目都编排了大部分院校可以实施的实训内容，实训内容的选取既符合技能教学目标的培养要求，又兼顾实训的可行性和代表性。

教材内容的构建遵循"岗、课、赛、证"相互融通的理念，以生物制药企业"发酵岗位"的典型工作任务为依据，结合了"发酵工程制药工"职业技能等级证书的考核内容，同时融入了全国职业院校技能大赛生物技术赛项的实操和理论比赛的重要内容。

编者在编写过程中，从职业教育的实际出发，切实考虑学生的知识基础、学校的实训设施、行业的岗位要求等因素，注重实用性和可行性。全书由发酵工程基础知识、技能和发酵工艺综合实训2个模块组成，编排了发酵工程中常见的操作技术：发酵工业的灭菌技术、发酵培养基的制备、空气的过滤除菌、发酵工业菌种操作技术、发酵设备的操作、发酵过程控制技术，同时还精选了啤酒的酿造工艺、发酵乳制品的生产工艺、谷氨酸的发酵、青霉素的发酵生产，为学生毕业后从事相关行业的生产奠定基础。

本书由呼和浩特职业学院范文斌（课程导入，项目五、项目七）和高仙灵（项目二、项目四、项目八）担任主编，项目一、项目三由呼和浩特职业学院邢少峰编写，项目六由包头轻工职业技术学院张记霞编写，项目九、项目十由呼和浩特职业学院杨秀丽编写。

本书的编写得到了齐鲁制药（内蒙古）有限公司药物研究院党福军和内蒙古金宇集团股份有限公司贾英的大力支持，对一些生产工艺给予了技术指导，使教材内容更易对接实践生产，在此表示衷心的感谢。同时也对所有参编人员表示真挚的感谢。此外，向本书所引用参考文献的各位专家、同行表示衷心的感谢。

由于编者水平有限，书中难免存在疏漏之处，敬请广大读者批评指正。

编　者

# 目录

## 模块二　发酵工艺综合实训

# 课程导入　发酵工程

发酵技术有着悠久的历史，我国早在几千年前，人们就开始从事酿酒、制酱、制奶酪等生产活动。作为现代科学概念的微生物发酵工业，是在 20 世纪 40 年代随着抗生素工业的兴起而得到迅速发展的，而现代发酵技术又是在传统发酵技术的基础上，结合了现代的基因工程、细胞工程、分子修饰和改造等新技术。在医药产品中，发酵产品占有特别重要的地位，其产值占医药工业总产值的 20％，通过发酵生产的抗生素品种就达 200 多个。

我国生物发酵产业通过增强自主创新能力、加快产业结构优化升级、提高国际竞争力，产业规模持续扩大，并形成了一些优势产品。大宗发酵产品中的味精、赖氨酸、柠檬酸等产品的产量和贸易量位居世界前列；山梨醇、葡萄糖酸钠、木糖醇、麦芽糖醇、甘露糖醇、酵母和酶制剂等产品也处于快速发展阶段。近年来，生物发酵行业围绕提高产品特殊性能的研究，通过生物转化、生物催化等方法生产高附加值产品，如特殊功能发酵产品及其衍生物、生物材料、生物菌剂、手性生物产品、食品及日化添加剂、生物表面活性剂、生物色素、生物染料、环保生物新产品等相关产品。

随着基因重组、细胞融合、酶的固定化等技术的发展，发酵工程技术不仅可提供大量廉价的化工原料和产品，而且有可能改善某些化工产品的传统工艺，出现少污染、省能源的新工艺，甚至合成一些性能优异的新型化合物。发酵工程技术的发展将推动生物技术和化工生产技术的变革与进步，在与人们生活密切相关的医药、食品、化工、冶金、资源、能源、健康、环境等领域产生巨大的经济效益和社会效益。

**内容重点**

发酵工业与人们的生活息息相关，发酵技术的应用已涉及农业生产、轻化工原料生产、医药卫生、食品、环境保护、资源和能源的开发等国计民生的多个领域。本章从发酵的概念入手，详细地介绍了发酵工业的发展历史、发酵工业的特点、发酵工业产品类型、发酵工业的应用、发酵工业的现状和未来等知识，让学生全面了解发酵行业的发展情况，激发学习的兴趣。

**教学目标**

(1)深刻理解发酵的概念。

(2)了解发酵工业的发展历史。

(3)掌握发酵工业的特点。

(4)掌握发酵工业的产品类型。

(5)能解释日常生产生活中的发酵现象。

(6)了解我国发酵行业发展的现状及前景。

(7)树立从事发酵工业的信念，为我国发酵产业贡献力量。

## 一、发酵和发酵工程的概念

提到发酵，在生活中往往会让人联想到发面制作馒头、面包，酿造醋、酱油、酒类，或者联想到食品霉烂。很早以前人们就在生产实践活动中广泛地自觉或不自觉运用发酵相关的技术，但是人们真正认识发酵的本质却是近 200 年的事情。

传统发酵，发酵(Fermentation)一词最初来源于拉丁语"发泡、沸涌"(Fervere)，是派生词，用来描述酵母菌作用于果汁或发芽谷物(麦芽汁)进行酒精发酵时产生气泡的现象，这种现象实际上是酵母菌作用于果汁或麦芽汁中的糖，在厌氧条件下代谢产生二氧化碳气泡引起的。人们就把这种现象称为"发酵"，所以，传统的发酵概念只是对酿酒这类厌氧发酵现象的描述。

工业上的发酵泛指大规模地培养微生物，生产有用产品的过程，既包括微生物的厌氧发酵，如酒精、乳酸等；也包括微生物的好氧发酵，如抗生素、氨基酸、酶制剂等。其产品有细胞代谢产物，也包括菌体细胞、酶等。

发酵工程是指利用微生物的生长繁殖和代谢活动，通过现代工程技术手段，进行工业化生产人们所需产品的理论和工程技术体系，是生物工程与生物技术学科的重要组成部分。发酵工程也称作微生物工程，该技术体系主要包括菌种选育和保藏、菌种的扩大生产、微生物代谢物的发酵生产和纯化制备，同时也包括微生物生理功能的工业化利用等。它是一门多学科、综合性的科学技术，既是现代生物技术的重要分支学科，又是食品工程的重要组成部分。

## 二、发酵工程与生物工程的关系

现代生物工程主要包括基因工程、细胞工程、发酵工程、酶工程和蛋白质工程五个部分。基因工程和细胞工程的研究结果，大多需要通过发酵工程和酶工程来实现产业化。基因工程、细胞工程和发酵工程中所需要的酶，往往通过酶工程来获得；酶工程中酶的生产，一般需要通过微生物发酵的方法来进行。由此可见，生物工程各个分支之间存在着交叉渗透的现象(表 0-1)。

### 表 0-1　生物工程五大主要技术体系关系

| 生物工程 | 主要操作对象 | 工程目的 | 与其他工程的关系 |
| --- | --- | --- | --- |
| 基因工程 | 基因及动物细胞、植物细胞、微生物 | 改造物种 | 细胞工程、发酵工程使目的基因得以表达 |
| 细胞工程 | 动物细胞、植物细胞、微生物细胞 | 改造物种 | 可以为发酵工程提供菌种、使基因工程得以实现 |
| 发酵工程 | 微生物 | 获得菌体及各种代谢产物 | 为酶工程提供酶的来源 |
| 酶工程 | 微生物 | 获得酶制剂或固定化酶 | 为其他生物工程提供酶制剂 |
| 蛋白质工程 | 蛋白质空间结构 | 合成具有特定功能的新蛋白质 | 是基因工程的延续 |

## 三、发酵工业的发展史

发酵工业的历史根据发酵技术的重大进步大致可分为自然发酵阶段、纯培养发酵阶段、深层通气发酵阶段、代谢调控发酵阶段、开拓发酵原料阶段、基因工程阶段六个阶段。

### (一)自然发酵阶段

几千年前，人们在长期的日常生产生活中发现，一些粮食经过一段时间的储存后，经过自然界一些因素的作用，会产生酸、辣等奇怪的味道，这些奇怪的味道逐渐被人们所接收并喜欢，同时，人们慢慢地积累经验，利用自然界的这种现象来生产人们喜欢的味道，从事制酒、酱、醋、奶酪等生产活动，改善人们的生活。但是人们对这种现象的本质一无所知，直到 19 世纪仍然是一知半解。当时人们制酒、酱、醋、奶酪等产品完全凭经验，当周围的环境变化了，自然会导致产品口味的变化，甚至会浪费粮食。现如今很容易解释这些现象，但对于我们的先人，这种解释是不可能的事情。

所以，19世纪以前的很长时间，发酵一直处于天然发酵阶段，凭经验传授技术，靠自然，人为不可控制，产品质量不稳定。

## （二）纯培养发酵阶段

1857年，法国微生物学家巴斯德在帮助酿造者解决葡萄酒酿造过程中总是变酸的问题时，证明了酒精是由活的酵母发酵引起的，指出发酵现象是微小生命体进行的化学反应，阐述了发酵的本质，葡萄酒的酸败是由酵母以外的另一种更小的微生物（醋酸菌）发酵作用引起的。随后巴斯德发明了巴氏消毒法，使法国葡萄酒酿造业免受酸败之苦。巴斯德也因此被誉为"发酵之父"。

1872年，微生物发展史上又一奠基人德国人柯赫首先发明了固体培养基，建立了细菌纯培养技术；1872年，布雷菲尔德创建了霉菌的纯粹培养法；1878年，汉逊建立了啤酒酵母的纯粹培养法，微生物的分离和纯粹培养技术，使发酵技术从天然发酵转变为纯粹培养发酵。并且，人们设计了便于灭除其他杂菌的密闭式发酵罐及其他灭菌设备。微生物的纯种培养技术是发酵工业的转折点。

## （三）深层通气发酵阶段

1929年，英国人弗莱明（Fleming）发现了青霉素。1940年，美国和英国合作对青霉素进行生产研究，精制出了青霉素，并确认青霉素对伤口感染症比当时的磺胺药剂更具有疗效。恰逢第二次世界大战爆发，对作为医疗战伤感染药物的青霉素需求量大量增加，这些都大力推进了青霉素的工业化生产和研究。

最初青霉素是液体浅盘发酵，发酵单位（效价）只有40 U/mL，1943年发展到液体深层发酵，效价增加到200 U/mL，如今发展到5万～7万 U/mL。随后，链霉素、金霉素、新霉素、红霉素等抗生素相继问世，抗生素工业迅速崛起。抗生素工业的发展建立了一套完整的好氧发酵技术，大型搅拌发酵罐培养方法推动了整个发酵工业的深入发展，为现代发酵工程奠定了基础。

## （四）代谢调控发酵阶段

1950—1960年，随着生物化学、酶化学、微生物遗传学等基础生物科学迅速发展，人类开始用代谢控制技术进行微生物的育种和发酵条件的优化控制，大大提高了发酵工业的进程。1956年，日本的木下祝郎弄清楚了生物素对细胞膜通透性的影响，在培养基中限量提供生物素体影响了膜磷脂的合成，从而使细胞膜的通透性增加，谷氨酸得以排出细胞外并大量积累。1957年，日本将这一技术应用到谷氨酸的发酵生产中，从而首先实现了L-谷氨酸的工业生产。谷氨酸工业化发酵生产的成功促进了代谢调控理论的研究，采用营养缺陷型及类似物抗性突变株实现了L-赖氨酸、L-苏氨酸等的工业化生产。

## （五）开拓发酵原料阶段

1960—1970年，由于粮食紧张及饲料的需求日益增多，为了解决人畜争粮这一突出问题，许多生物公司开始研究生产微生物细胞作为饲料蛋白的来源，甚至研究以石油副产品为发酵原料，发酵原料多样化开发研究的开展，促进了单细胞蛋白（SCP）发酵工业的兴起，使发酵原料由过去单一性碳水化合物向非碳水化合物过渡。从过去仅仅依靠农产品的状况，过渡到从工厂、矿业资源中寻找原料，开辟了非粮食（如甲醇、甲烷、氢气等）发酵技术，拓宽了原料来源。

## （六）基因工程阶段

20世纪70年代以后，基因重组成功实现，人们可以按预定方案将外源目的基因克隆到容易大规模培养的微生物（如大肠杆菌、酵母菌）细胞中，通过微生物的大规模发酵生产，可得到原先只有动物或植物才能生产的物质，如胰岛素、干扰素、白细胞介素和多种细胞生长因子等。例如，用发酵法生产胰岛素，传统的胰岛素生产方法是从牛或猪的胰脏中提取，每 454 kg 牛胰脏才能得到 10 g 胰岛素；现如今通过基因工程育种，人们可以将编码胰岛素的基因导入大肠杆菌细胞中，再将其放到大型的发酵罐中发酵，生产出大量的人胰岛素。人们将这种大肠杆菌称为生产胰岛素的活工厂，用这种方法每 200 L 发酵液就可得到 10 g 胰岛素。这给发酵工程带来了划时代的变革，使生物技术进入了一个新的阶段——现代生物技术阶段（表 0-2）。

表 0-2 发酵工程技术的历史阶段及其特点

| 发展时期 | 技术特点及发酵产品 |
| --- | --- |
| 自然发酵<br>（1900 年以前） | 利用自然发酵制曲酿酒、制醋、栽培食用菌、酿制酱油，制作酱品、泡菜、干酪、面包及沤肥等。<br>特点：凭经验生产，主要是食品，混菌发酵 |
| 纯培养发酵<br>（1900—1940 年） | 利用微生物纯培养技术生产面包、酵母、甘油、酒精、乳酸、丙酮、丁醇等厌氧发酵产品和柠檬酸、淀粉酶、蛋白酶等好氧发酵产品。<br>特点：生产过程简单，对发酵设备要求不高，生产规模不大，发酵产品的结构比原料简单，属于初级代谢产物 |
| 深层通气发酵<br>（1940 年以后） | 利用液体深层通气培养技术大规模发酵生产抗生素及各种有机酸、酶制剂、维生素、激素等产品。<br>特点：微生物发酵的代谢从分解代谢转变为合成代谢；真正无杂菌发酵的机械搅拌液体深层发酵罐诞生；微生物学、生物化学、生化工程三大学科形成了完整的体系 |
| 代谢调控发酵<br>（1957 年以后） | 利用诱变育种和代谢调控技术发酵生产氨基酸、核苷酸等多种产品。<br>特点：发酵罐达 50～200 $m^3$；发酵产品从初级代谢产物到次级代谢产物；发展了气升式发酵罐（可降低能耗、提高供氧）；多种膜分离介质问世 |
| 开拓发酵原料<br>（1960 年以后） | 利用石油化工原料（碳氢化合物）发酵生产单细胞蛋白；发展了循环式、喷射式等多种发酵罐；利用生物合成与化学合成相结合的工程技术生产维生素、新型抗生素；发酵生产向大型化、多样化、连续化、自动化方向发展。<br>特点：用工业原料代替粮食进行发酵 |
| 基因工程阶段<br>（1979 年以后） | 利用 DNA 重组技术构建的生物细胞发酵生产人们所希望的各种产品，如胰岛素、干扰素等基因工程产品。<br>特点：按照人们的意愿改造物种、发酵生产人们所希望的各种产品；生物反应器也不再是传统意义上的钢铁设备，昆虫躯体、动物细胞乳腺、植物细胞的根茎果实都可以看作一种生物反应器；基因工程技术使发酵工业发生了革命性变化 |

## 四、发酵工业的特点

发酵工业是利用微生物所具有的生物加工与生物转化能力，将廉价的发酵原料转变为各种高附加值产品的产业。与化工产业相比，发酵工业有以下特点。

（1）以微生物为主体，杂菌污染的防治对发酵至关重要，发酵反应必须在无菌条件下进行，维持无菌条件是发酵成败的关键。

（2）反应条件的温和性，发酵过程一般都是在常温常压下进行的生物化学反应。

（3）原料的廉价性，发酵所用的原料通常以淀粉质、玉米浆、糖蜜或其他农副产品为主，只要加入少量的有机和无机氮源即可进行反应，并生产价值较高的产品。

(4)产物的多样性，由于生物体本身所具有的反应机制，能专一性地和高度选择性地对某些较为复杂的化合物进行特定部位的生物转化修饰，也可产生比较复杂的高分子化合物。

(5)生产的非限制性，发酵生产不受地理、气候、季节等自然条件的限制，可以根据订单安排通用发酵设备来生产多种多样的发酵产品。

基于以上特点，发酵工业日益受到人们的重视。与传统的发酵工艺相比，现代发酵工业除上述特点外更有其优越性，如除使用从自然界筛选的微生物外，还可以采用人工构建的"基因工程菌"或微生物发酵所生产的酶制剂进行生物产品的工业化生产，而且发酵设备也为自动化、连续化设备所代替，使发酵水平在原有基础上得到大幅度提高，发酵类型不断创新。

## 五、发酵工业产品类型

发酵工业的应用范围很广，分类方法也多种多样，依据最终发酵产品的类型可分为以下四大类。

### (一)微生物菌体

微生物菌体即经过培养微生物并收获其细胞作为发酵产品。传统的菌体发酵工业有用于面包制作的酵母发酵及用于人类或动物食品的微生物菌体蛋白发酵两种类型，属于食品发酵产品范围的有酵母菌、单细胞蛋白、螺旋藻、食用菌、活性乳酸菌和双歧杆菌等益生菌。例如，直接培养并收获酵母细胞作为动物饲料添加剂，即单细胞蛋白。

新的菌体发酵可用来生产一些药用真菌，如香菇类、与天麻共生的密环菌及担子菌的灵芝等药用菌。这些药用真菌可以通过发酵培养的手段生产出与天然产品具有同等疗效的产物。涉及其他发酵产品范围的还有人畜用活菌疫苗、生物杀虫剂(杀鳞翅目、双翅目昆虫的苏云金杆菌、蜡样芽孢杆菌菌剂；防治松毛虫的白僵菌、绿僵菌菌剂)。其特点：细胞的生长与产物积累成平行关系，生长速率最大时期也是产物合成速率最高阶段，生长稳定期产量最高。

### (二)微生物代谢产物

微生物代谢产物即将微生物生长代谢过程中的代谢产物作为发酵产品。微生物生长过程中的代谢产物种类很多，是发酵工业中数量最多、产量最大，也是最重要的部分，包括初级代谢产物和次级代谢产物。

初级代谢产物是指微生物在对数生长期通过代谢活动所产生的、自身生长和繁殖所必需的物质，如氨基酸、核苷酸、多糖、脂类、维生素等；次级代谢产物是指微生物生长到一定阶段才产生的化学结构十分复杂、对该微生物无明显生理功能，或并非微生物生长和繁殖所必需的物质，如抗生素、毒素、激素、色素等。不同种类的微生物所产生的次级代谢产物不同，它们可能积累在细胞内，也可能排列到外环境中。为了提高代谢产物的产量，需要对发酵微生物进行遗传特性的改造和代谢调控的研究。

### (三)微生物酶制剂

微生物酶制剂即通过获取微生物的酶作为发酵产品。酶普遍存在于动物、植物和微生物中。最初，人们都是从动植物组织中提取酶，但目前工业应用的酶大多来自微生物发酵，因为微生物具有种类多、产酶的品种多、生产容易和成本低等特点。目前，工业上微生物发酵可以生产的酶有上百种，经分离、提取、精制得到酶制剂，广泛用于医药、食品加工、活性饲料、纤维脱浆等许多行业，如用于医药生产和医疗检测的药用酶，以及青霉素酰化酶、胆固醇氧化酶、葡萄糖氧化酶、氨基酰化酶等。现如今已有很多酶制剂加工成固定化酶，使发酵工业和酶制剂的应用范围发生重大变化。

### (四)微生物转化产物

生物转化是指利用生物细胞中的一种或多种酶作用于某一底物的特定部位(基团),使其转化为结构类似并具有更大经济价值的化合物的生化反应。生物转化的最终产物不是生物细胞利用营养物质经过代谢产生,而是生物细胞中的酶或酶系作用于某一底物的特定部位(基团)进行化学反应而形成。最简单的生物转化例子是微生物细胞将乙醇氧化形成乙酸,但是发酵工业中最重要的生物转化是甾体的转化,如将甾体化合物的 11 位进行氧化转化为可的松,结构类似的同族抗生素、类固醇、前列腺素的生产。生物转化包括脱氢、氧化、脱水、缩合、脱羧、羟化、氨化、脱氨、异构化等。

若将发酵工业的范围按照产品进行细分,大致可以分为 14 类(表 0-3)。

表 0-3　发酵工业涉及的范围及主要产品

| 发酵工业范围 | 主要发酵产品 |
| --- | --- |
| 食品发酵工业 | 酱油,食醋,活性酵母,活性乳酸菌,面包,酸奶,奶酪,饮料,酒等 |
| 有机酸发酵工业 | 醋酸,乳酸,柠檬酸,葡萄糖酸,苹果酸,琥珀酸,丙酮酸等 |
| 氨基酸发酵工业 | 谷氨酸,赖氨酸,色氨酸,苏氨酸,精氨酸,酪氨酸等 |
| 低聚糖与多糖发酵工业 | 低聚果糖,香菇多糖,云芝多糖,葡聚糖,黄原胶等 |
| 核苷酸发酵工业 | 肌苷酸(IMP),鸟苷酸(GMP)(强力助鲜剂),黄苷酸(XMP) |
| 药物发酵工业 | 抗生素:青霉素,头孢菌素,链霉素,制霉菌素,丝裂霉素等;<br>基因工程制药工业:促红细胞生成素(EPO),集落刺激因子(CSF),表皮生长因子(EGF),人生长激素,干扰素,白介素,各种疫苗,单克隆抗体等;<br>药理活性物质发酵工业:免疫抑制剂,免疫激活剂,糖苷酶抑制剂,脂酶抑制剂,类固醇激素等 |
| 维生素发酵工业 | 维生素 C,维生素 B2,维生素 B12 等 |
| 酶制剂发酵工业 | 淀粉酶,蛋白酶,脂酶,青霉素酰化酶,葡萄糖氧化酶,海因酶等 |
| 发酵饲料工业 | 干酵母,单细胞蛋白,益生菌,青贮饲料,抗生素和维生素饲料添加剂等 |
| 生物肥料与农药工业 | 细菌肥料,赤霉素,除草菌素,苏云金杆菌,白僵菌,绿僵菌,杀稻瘟菌,有效霉素,春日霉素等 |
| 有机溶剂发酵工业 | 酒精,甘油,乙醇,丙酮,丁醇溶剂等 |
| 微生物环境净化工业 | 利用微生物处理废水、污水等 |
| 生物能工业 | 沼气,纤维素等发酵生产乙醇,乙烯、甲烷等能源物质 |
| 微生物冶金工业 | 利用微生物探矿、冶金、石油脱硫等 |

## 六、发酵工业的发展前景

随着生物技术的发展,发酵工程的应用领域也在不断扩大,而且发酵工程技术的巨大进步也逐渐成为动植物细胞大规模培养产业化的技术基础。发酵原料的更换也将使发酵工程发生重大变革。2000 年以后,由于木质纤维素原料的大量应用,发酵工业大规模生产通用化学品及能源,这样,发酵工业变得对人类更为重要。科技创新是行业发展的根本手段,是推动发酵行业发展的关键。随着我国经济的持续快速增长,今后关于发酵领域的研究进展必将对国民食物结构的改善和食品工业的发展形成巨大推动力,同时也为坚持创新的企业带来发展机遇。

### (一)基因工程育种和代谢调控技术研究为发酵工业带来新的活力

随着基因工程技术的应用和微生物代谢机理的研究,人们能够根据自己的意愿将微生物以外的基因导入微生物细胞中,从而获得定向地改变生物性状与功能创新的物种,使发酵工业能够生产出自然界微生物所不能合成的产物。这就从过去烦琐的随机选育生产菌株朝着定向育种转变,对传统发酵工业进行改造,提高发酵单位。例如,基因工程及细胞杂交技术在微生物育种上的应用,将使发酵用菌种达到前所未有的水平。

### (二)研制大型自动化发酵设备提高发酵工业效率

发酵设备主要是指发酵罐,也可称为生物反应器。现代生物技术的成功与发展,最重要的是取决于高效率、低能耗的生物反应过程,而它的高效率又取决于它的自动化,大大提高生产效率和产品质量,降低了成本,可更广泛地开拓发酵原料的来源和用途。生物反应器大型化为世界各发达国家所重视。发酵工厂不再是作坊式的,而是发展为规模庞大的现代化企业,使用了最大容量达到 500 t 的发酵罐,常用的发酵罐质量为 200 t。

### (三)生态型发酵工业的兴起开拓了发酵的新领域

随着近代发酵工业的发展,越来越多过去靠化学合成的产品,现如今已全部或部分借助发酵方法来完成。也就是说,发酵法正逐渐代替化学工业的某些方面,如化妆品、添加剂、饲料的生产。有机化学合成方法与发酵生物合成方法关系更加密切,生物半合成或化学半合成方法应用到许多产品的工业生产中。微生物酶催化生物合成和化学合成相结合,使发酵产物通过化学修饰及化学结构改造进一步生产更多精细化工产品,开拓了一个全新的领域。

### (四)再生资源的利用给人们带来了希望

随着工业的发展、人口增长和国民生活的改善,废弃物也日益增多,同时也造成环境污染。因此,对各类废弃物的治理和转化,变害为益,实现无害化、资源化和产业化就具有重要的意义。发酵技术的应用达到此目标是完全可能的,近年来,国外对纤维废料作为发酵工业的大宗原料引起重视。随着对纤维素水解的研究,取之不尽的纤维素资源将代替粮食,发酵生产各种产品和能源物质,这将具有重要的现实意义。目前,对纤维废料发酵生产酒精已取得重大进展。

## 七、发酵工业在国民生产中的应用

### (一)医药工业

采用生物工程技术,通过微生物发酵方法生产传统或新型药物与化学合成药物相比具有工艺简单、投入较少、污染较小的明显优势。第一,抗生素目前主要是由微生物发酵生产的,包括抗菌剂、抗癌药物等许多不同生理活性类型。第二,维生素是重要的医药产品,同时也是食品和饲料的重要添加剂。目前采用发酵工程生产的维生素有维生素 C、维生素 B 2、维生素 B 12 等。第三,多烯不饱和脂肪酸如二十碳五烯酸(EPA)、二十二碳六烯酸(DHA)、二十碳四烯酸(AA)等都是很有价值的医药保健产品,有"智能食品"之称,国外对其开发十分活跃,多烯不饱和脂肪酸不仅源于海鱼,而且可通过某些微生物进行生产。研究人员发现海洋中有一种繁殖能力很强的网黏菌,其干菌体生物量含脂质 70%,其中 DHA 占 30%～40%,可通过发酵途径进行生产,每升培养液可收获 DHA 4.5 g,该菌 DHA 含量与海产金鲹鱼或鲣鱼眼窝脂肪中的 DHA 含量相近。第四,利用生物转化可以合成手性药物,随着手性药物需求量的增大,人们在这一领域的研究也越来越多。

### (二)食品工业

发酵工程对食品工业的贡献较大,从传统酿造到菌体蛋白,都是农副产品升值的主要手段。据报道,由发酵工程贡献的产品可占食品工业总销售额的 15% 以上。例如,氨基酸可用作食品、饲料添加剂和药物。目前,利用微生物发酵法可以生产近 20 种氨基酸。该法较蛋白质水解和化学合成法生产成本低、工艺简单，且全部具有光学活性。目前，乳制品的发酵在我国正在兴起，酸牛奶几乎普及各个城市和乡镇。近年来，我国从国外引进了干酵母技术，活性干酵母的保存期可达半年以上，使国内大多数城镇都能生产新鲜面包。

由于化学合成色素不断被限制使用，微生物发酵生产的生物色素（如 β-胡萝卜素、虾青素等）受到重视。同时，随着多糖、多肽应用的开拓，由微生物发酵生产的免疫制剂、抗菌剂、增稠剂等都得到了优先发展。

### （三）能源工业

能源紧张是当今世界各国都面临的一大难题，石油危机之后，人们更加清楚地认识到地球上的石油、煤炭、天然气等化石燃料终将枯竭，而有些微生物则能开发再生性能源和新能源。

（1）通过微生物或酶的作用，可以利用含淀粉、糖质和纤维素、木质素等的植物资源，如粮食、甜菜、甘蔗、木薯、玉米芯、秸秆、木材等生产"绿色石油"——燃料乙醇。我国及美国、巴西和欧洲的一些国家已开始大量使用"酒精汽油"（酒精和汽油的混合物）作为汽车的燃料。也可以用各种植物油料为原料生产另一类"绿色石油"——生物柴油。目前，德国等发达国家正在推广使用生物柴油新能源。

（2）各种有机废料（如秸秆及鸡粪、猪粪等）通过微生物发酵作用生成沼气是废物利用的重要手段之一，许多国家利用沼气作为能源取得了显著的成绩。

（3）微生物采油，主要是用基因工程方法构建工程菌，并连同细菌所需的营养物质一起注入地层中，在地下繁殖，同石油作用，产生二氧化碳、甲烷等气体，从而增加了井压。并且微生物能分泌高聚物、糖脂等表面活性剂及降解石油长链的水解酶，可降低表面张力，使原油从岩石沙土上松开，同时减少黏度，使油井产量明显提高。

（4）生物电池，以微生物的生命活动产生的所谓"电极活性物质"作为电池燃料，然后通过类似燃料电池的办法，将化学能转换成电能，成为微生物电池。作为微生物电池的电极活性物质，主要是氢、甲酸、氨等。例如，人们已经发现了不少能够产氢的细菌，其中属于化能异养菌的有 30 多种，它们能够发酵糖类、醇类、酸类等有机物，吸收其中的化学能来满足自身生命活动的需要，同时把另一部分的能量以氢气的形式释放出来。有了氢作燃料，就可以制造出氢氧型的微生物电池。

据西班牙皇家化学学会 2005 年公布的一项研究报告宣称，牛胃液中所含的细菌群在分解植物纤维的过程中能够产生电力，电能约与一节 5 号电池相当。微生物发电这一令人期待的发电模式正逐渐显现出巨大的潜力。

### （四）化学工业

传统的化工生产需要耐热、耐压和耐腐蚀的材料，而随着微生物发酵技术的发展，不仅可制造化学方法难以生产或价值高的稀有产品，而且有可能改变化学工业的面貌，创建节能、少污染的新工艺。例如，发酵工程为生产生物可降解塑料这一难题提供了途径，科学家经过选育和基因重组构建了"工程菌"，已获得积累聚酯塑料占菌体质量 70%～80% 的菌株。再如，以石油为原料发酵生产的长链二羧酸，是工程塑料、耐寒农用薄膜和胶粘剂的合成原料。显然，越来越多的化工产品将由微生物发酵生产来实现。

### （五）冶金工业

虽然地球上矿物质蕴藏量丰富，但其属于不可再生资源，且大多数矿床品位太低，随着现代工业的发展，高品位富矿也在不断减少。面对以万吨计的废矿渣、贫矿、尾矿、废矿，采用一般选浮矿法已不可能，唯有细菌冶金给人们带来新的希望。细菌冶金是指利用微生物及其代谢产物作为浸矿剂，喷淋在堆放的矿石上，浸矿剂溶解矿石中的有效成分，最后从收集的浸取液中分离、浓缩和提纯有用的金属。采用细菌冶金可浸提金、银、铜、铀、锰、锌、钴、镁、钡、钪等 10 余种稀有金属，特别是金、铜、铀等的开采。

## (六)农业

发酵工程应用于农业领域，能生产生物肥料(固氮菌、钾细菌、磷细菌等)、生物农药(苏云金杆菌或其变种所产生伴孢晶体——能杀死蛾类幼虫的毒蛋白等)、兽类抗生素(泰乐霉素、抗金黄色葡萄球菌素等)、食品和饲料添加剂、农用酶制剂、动植物生长调节剂(如赤霉素)等，特别在生产单细胞蛋白(SCP)饲料方面，已是国际科技界公认的解决蛋白质资源匮乏的重要途径。

开发和应用微生物资源，大力发展节土、节水、不污染环境、资源可循环利用的工业型绿色农业，是目前我国农业发展中比较切实可行的新途径。据测算，通过微生物工程，如果利用每年世界石油总产量的 2% 作为原料，生产出的单细胞蛋白可供 20 亿人吃一年；又如我国农作物秸秆，每年约有 5 亿吨，假如其中 2% 的秸秆即一亿吨通过微生物发酵变为饲料，则可获得相当于 400 亿千克的饲料粮，这是目前我国每年饲料用粮食的一半。一座占地不多的年产 10 万吨单细胞蛋白的发酵工厂，能生产相当于 180 万亩耕地生产的大豆蛋白或 3 亿亩草原饲养牛羊生产的动物蛋白质。

## (七)环境保护

环境污染已经是当今社会一大公害，但是，小小的微生物却对污染物有着惊人的降解能力，成为污染控制研究中最活跃的领域。例如，某些假单细胞、无色杆菌具有清除氰、腈剧毒化合物的功能；某些产碱杆菌、无色杆菌、短芽孢杆菌对联苯类致癌物质有降解功能。某些微生物能降解水上的浮油，在净化水域石油污染方面，显示出惊人的效果。有的国家利用甲烷氧化菌生产胞外多糖或单细胞蛋白，利用一氧化碳氧化菌发酵丁酸或生产单细胞蛋白，不仅消除或减少了有毒气体，还从菌体中开发了有价值的产品。

利用微生物发酵还可以处理工业三废、生活垃圾及农业废弃物等，不仅净化了环境，还可以变废为宝。例如，造纸废水生产类激素，味精废液生产单细胞蛋白，甘薯废渣生产四环素，啤酒糟生产洗涤剂中的淀粉酶、蛋白酶，农作物秸秆生产蛋白饲料。利用微生物发酵生产生物可降解塑料聚羟基丁酯(PHB)等，可以缓解并逐步消除"白色污染"对环境的危害。

## 内容小结

1. 发酵的概念包括传统发酵、发酵的生化意义及工业发酵，传统发酵是用来描述酵母菌作用于果汁或发芽谷物(麦芽汁)进行酒精发酵时产生气泡的现象；生化和生理学意义的发酵是指微生物在无氧条件下，分解各种有机物质产生能量的一种方式；工业发酵泛指大规模地培养微生物生产有用产品的过程。

2. 发酵现象始于几千年以前，经历了自然发酵阶段、纯培养发酵阶段、深层通气发酵阶段、代谢调控发酵阶段、开拓发酵原料阶段、基因工程阶段六个阶段的发展，现如今已经成为国民经济的重要组成部分。

3. 发酵具有以微生物为主体、反应条件温和、原料廉价、产物多样、生产不受限制等特点，发酵产物包括微生物菌体、微生物酶、微生物代谢产物、微生物转化产物，以及微生物特殊机能的利用，发酵工业在与人们生活相关的医药、食品、农业、环保等不同的工业领域中都发挥着重要的应用。

4. 发酵行业是能源和资源消耗的主要行业之一，由于过去的长期高速发展，大多数企业缺乏自主知识产权，没有核心竞争力，产品单一，缺乏创新，现如今发展面临着调整结构、优化升级、转变增长方式、节能减排的重任。其需要从基因工程育种、新型发酵设备研制、发酵机能的调控研究、再生资源的利用等方面努力，实现可持续发展。

 思 考 题

1. 简述发酵和发酵工程的概念。
2. 简述发酵工业的发展史。
3. 列举发酵的特点及产品类型。
4. 分析发酵工业存在的问题。
5. 谈谈我国发酵行业的发展前景。

# 模块一  发酵工程基础知识、技能

# 项目一　发酵工业的灭菌技术

## 项目资讯

### 兰州市兽医研究所布鲁氏菌抗体阳性事件

2019 年 11 月 28 日至 29 日，中国农业科学院兰州市兽医研究所口蹄疫防控技术团队先后报告有 4 名学生布鲁氏菌病血清学阳性。接到报告后，兰州市兽医研究所立即派人陪同学生前往医院诊治。

经调查认定，2019 年 7 月 24 日至 8 月 20 日，中牧兰州生物药厂在兽用布鲁氏菌疫苗生产过程中使用过期消毒剂，致使生产发酵罐废气排放灭菌不彻底，携带含菌发酵液的废气形成含菌气溶胶，生产时段该区域主风向为东南风，兰州市兽医研究所处在中牧兰州生物药厂的下风向，人体吸入或黏膜接触产生抗体阳性，造成兰州市兽医研究所发生布鲁氏菌抗体阳性事件。此次事件是一次意外的偶发事件，是短时间内出现的一次暴露。2019 年 12 月 7 日，中牧兰州生物药厂关停了布鲁氏菌病疫苗生产车间；2020 年 10 月 8 日，拆除了该生产车间，并完成了环境消杀和抽样检测，经国家和省级疾控机构对中牧兰州生物药厂周边环境持续抽样检测，未检测出布鲁氏菌。

事件发生后，国家卫生健康委、农业农村部和甘肃省兰州市相关部门成立调查小组，关闭相关实验室并开展调查。同时，积极开辟绿色救治通道，对学生进行检查、诊治。

2020 年 11 月 5 日下午四点，兰州市兽医研究所布鲁氏菌抗体阳性事件属地善后处置工作新闻发布会在兰州市召开。官方通报兰州布病事件处置进展：兰州布病事件 8 名责任人被处理，省级复核确认阳性人员 6 620 人，第一批赔偿金 1 000 万元已到账。12 月 3 日，已有 3 244 人签订补偿赔偿协议。

## 项目描述

发酵工业是利用某种特定的微生物在一定的环境中进行新陈代谢活动，从而获得某种产品的过程。大多数工业发酵都是纯种培养过程，要求培养基、通入的空气和发酵设备必须彻底无菌。而微生物在自然界中是广泛分布于空气、水和土壤中的，为了保证正常生产不受其他微生物的干扰和破坏，灭菌和消毒就成为生产及试验成败的关键问题。

自从发酵技术应用纯种培养后，要求发酵全过程只能有生产菌，不允许其他任何杂菌微生物共存。杂菌一旦侵入生产系统，就会在短期内与生产菌争夺养料，并分泌一些抑制生产菌生长、改变培养液性质、抑制产物合成或破坏代谢产物的有毒副作用的物质，轻则影响产量，重则导致生产彻底失败，造成严重的经济损失，因此，整个发酵过程中都必须牢固树立无菌观念。为了保证纯种培养，在生产菌接种前，要对培养基、通入的空气、各种添加物、设备、管道等进行灭菌，还要对生产环境进行消毒。掌握消毒与灭菌技术在发酵工业中具有非常重要的意义。

## 学习目标 🎯

(1)掌握发酵工业常用灭菌方法、基本原理和适用范围。

(2)掌握无菌空气制备的基本知识和工艺流程。

(3)能够正确应用不同灭菌方法进行不同物料的灭菌。

(4)能够根据空气除菌的工艺流程,正确制备无菌空气。

(5)培养严格的无菌意识和质量控制意识。

## 知识链接 🧪

# 知识点一　加热灭菌法

灭菌、消毒是保证发酵工业生产中纯种培养的关键,接种之前,培养基、空气系统、补料系统、设备及管道等都要进行严格的灭菌,并对生产环境进行消毒,以防止杂菌或噬菌体的污染。

灭菌与消毒是有区别的:灭菌是指利用物理或化学的方法杀死或除去物料及设备中所有的微生物,包括营养细胞、细菌芽孢和孢子等;消毒是指利用物理或化学的方法杀死物料、容器、器具内外及环境中的病原微生物,一般只能杀死营养细胞而不能杀死芽孢。消毒不一定能达到灭菌要求,灭菌则可达到消毒的目的。

在发酵工业中,常用的灭菌方法有热力灭菌法、射线灭菌法、化学药剂灭菌法及过滤除菌法等,应根据灭菌对象和要求选用不同的方法。

热力灭菌法是利用高温(超过最高生长温度)来杀死微生物的方法。微生物细胞是由蛋白质等组成的,加热可以使蛋白质变性,从而达到消灭微生物的目的。因为微生物对高温的敏感性大于对低温的敏感性,所以采用高温灭菌是一种有效的灭菌方法,目前已被广泛应用。常用的热力灭菌法有两类:一类是干热灭菌法;另一类是湿热灭菌法,可根据灭菌的目的及灭菌物品的性质来决定采用哪一种方法。

## 一、干热灭菌法

干热灭菌法是指在干燥高温环境(如火焰或干热空气)下进行灭菌的技术。常用的干热灭菌法包括火焰灼烧灭菌法和干热空气灭菌法。

### (一)火焰灼烧灭菌法

火焰灼烧灭菌法又称焚烧灭菌法,是指将金属或其他耐热材料制成的器物在火焰上直接灼烧致微生物死亡的方法。此法适用于接种针、接种环、试管口及三角瓶口等的灭菌,也用于工业发酵罐接种时的火环保护。其方法是将需要灭菌的器具在火焰上来回通过几次(酒精灯火焰温度的高低顺序为外焰>内焰>焰心),一切微生物的营养体和孢子都可全部杀死,达到无菌程度。这种方法是最简单的干热灭菌法,灭菌迅速且彻底、可靠,但对被灭菌物品的破坏极大,易焚毁物品,因此适用范围有限。

视频:玻璃器皿的干热灭菌

### (二)干热空气灭菌法

干热空气灭菌法即在电热恒温干燥箱(图 1-1)中利用干热空气来灭菌。由于蛋白质在干燥无水的情况下不容易凝固,加上干热空气穿透力差,因此,干热灭菌需要较高的温度和较长的时间。一般热空气灭菌要将灭菌物品放在 160 ℃的温度下保持 2 h。

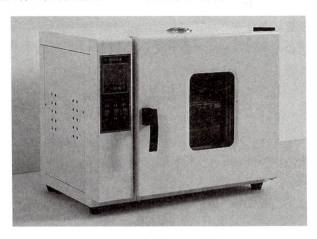

图 1-1　电热恒温干燥箱

电热恒温干燥箱的使用方法如下。

(1)装入待灭菌物品:将包扎好的待灭菌物品放入电热恒温干燥箱,关好箱门。物品不要摆放得太挤,堆积时要留有空隙,以免阻碍空气流通。灭菌物品不要接触电热恒温干燥箱内壁的铁板、温度探头,以防止包装纸烤焦起火。

(2)升温:接通电源,打开开关,设置灭菌温度(160 ℃)和灭菌时间(2 h)。注意设置的灭菌温度不得超过 180 ℃,以免引起纸或棉花等烤焦甚至燃烧。

(3)恒温:当温度升到 160～170 ℃时,保持此温度 2 h。在干热灭菌过程中,严防恒温调节的自动控制失灵而造成安全事故。

(4)降温:到达灭菌时间后,可自动切断电源,自然降温。

(5)开箱取物:待电热恒温干燥箱内温度降到 60 ℃以下后,才能打开箱门,取出灭菌物品。电热恒温干燥箱内温度降到 60 ℃以前,切勿自行打开箱门,以免骤然降温导致玻璃器皿炸裂。灭菌好的器皿应保存好,切勿弄破包装纸,否则会染菌。

## 二、湿热灭菌法

湿热灭菌法是指用热水或蒸汽对物料或设备容器进行灭菌的方法。蒸汽具有强大的穿透力,且冷凝时释放大量潜热,极易使微生物细胞中的蛋白质发生不可逆的凝固变性,使微生物在短时间内死亡,另外,蒸汽冷凝形成的水分使蛋白质更易变性,且变性温度显著降低,所以,湿热灭菌不需要像干热灭菌那样高的温度,一般培养基(料)都采用湿热灭菌法。湿热灭菌法一般有以下几种。

### (一)高压蒸汽灭菌法

高压蒸汽灭菌法是将待灭菌物品放入一个可密闭的耐压容器内,由容器内产生或通入蒸汽,大量蒸汽使容器中压力和温度升高而达到灭菌的方法。高压蒸汽灭菌的原理是根据水的沸点可随压力的增加而提高,当水在密闭的高压灭菌锅中煮沸时,其蒸汽不能逸出,致使压力增加,水的沸点温度也随之提高，加之蛋白质在湿热条件下容易变性。因此，高压蒸汽灭菌法是利用高压蒸汽产生的高温，以及蒸汽的穿透能力，以达到灭菌目的。高压蒸汽灭菌法是效果最好、使用最广泛的灭菌方法。一般培养基、玻璃器皿和用具等都可用此法灭菌。

在热蒸汽条件下，微生物及其芽孢或孢子在 121 ℃的高温下，经 20～30 min 即可全部被杀死。斜面试管培养基灭菌时在 121 ℃的温度下($1.05 \text{ kg/cm}^2$)，经 30 min 即可达到灭菌目的。若遇灭菌体积较大的培养基，热力不易穿透时，温度可增高为 128 ℃($1.5 \text{ kg/cm}^2$)，灭菌 1.5～2 h，即可达到灭菌的目的。常用的高压灭菌锅有手提式高压力蒸汽灭菌器和立式压力蒸汽灭菌器(图 1-2、图 1-3)。

图 1-2　手提式压力蒸汽灭菌器

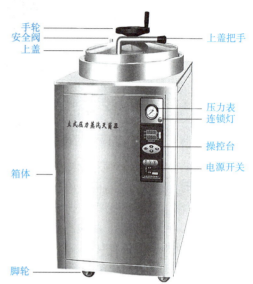

图 1-3　立式压力蒸汽灭菌器

### 1. 高压蒸汽灭菌的操作步骤(以手提式压力蒸汽灭菌器为例)

(1)加水。首先将内层锅取出，向外层锅内加入适量蒸馏水，使水面没过加热管 1 cm 以上，水量与三角搁架相平为宜。打开电源开关之前切勿忘记检查水位，加水量过少，灭菌锅会发生烧干，引起炸裂事故。

视频：手提式压力蒸汽灭菌器的操作方法

(2)装料。放回内层锅，并装入待灭菌的物品。注意不要装得太挤，以免阻碍蒸汽流通，从而影响灭菌效果。装有培养基的容器放置时要防止液体溢出，三角瓶与试管口端均不要与桶壁接触，以免冷凝水淋湿包扎的纸。

(3)加盖。将盖上与排气孔相连的排气软管插入内层锅的排气槽内，摆正锅盖，对齐螺口，然后以对称方式同时旋紧相对的两个螺栓，使螺栓松紧一致，勿使其漏气。

(4)排气。打开电源开关，加热高压灭菌锅，并打开排气阀。待锅内水沸腾并有大量蒸汽自排气阀中冒出时，可以排出锅内的冷空气。

(5)升压。待排出的气体温度升高(维持 5 min 以上)，即冷空气完全排尽后，关闭排气阀，继续加热，锅内压力开始上升。

(6)保压。当压力表指针达到所需的压力时，控制电源，开始计时并维持压力至所需的时间。通常情况灭菌采用 0.1 MPa、121 ℃(手动操作：温度达到 125 ℃，关闭电源，直至温度降低到 121 ℃，打开电源，反复操作 4 次)。灭菌的主要因素是温度而不是压力，因此，锅内的冷空气必须完全排尽后才能关闭排气阀，维持所需的压力。

（7）降压。达到灭菌所需的时间后，切断电源，让高压灭菌锅自然降温降压。

（8）开盖，取物。当压力降至"0"后，方可打开排气阀，排尽余下的蒸汽，旋松螺栓，打开锅盖，取出灭菌物品，倒掉锅内剩水。

注意：一定要在压力降到"0"后才能打开排气阀，开盖取物；否则就会因锅内压力突然下降，使容器内的培养基或试剂由于内外压力不平衡而冲出容器口，造成瓶口污染，甚至灼伤操作者。

**2. 立式压力蒸汽灭菌器的操作步骤**

高压灭菌锅工作前，先开启电源开关接通电源，控制仪进入工作状态后，可开始操作。

视频：立式自动高压蒸汽灭菌器的操作方法

（1）旋转手轮拉开外桶盖，取出灭菌网篮及挡水板。

（2）关紧放水阀，在桶内加入清水，水位至灭菌桶隔脚处（挡水板下）。连续使用时，必须在每次灭菌后补足水量。

（3）放回挡水板，将被灭菌物品包扎好后，有顺序地放在灭菌网篮内，相互之间留有空隙，有利于蒸汽的穿透，提高灭菌效果，将装有待灭菌物品的灭菌网篮放入灭菌桶内。

（4）推进外桶盖，按顺时针方向旋转手轮直至关门为止，使桶盖与灭菌桶口完全密合。

（5）将橡胶管一端连接在放气管上，另一端放入装有冷水的容器中，关紧手动放气阀（顺时针关紧，逆时针打开）。

（6）开始设定温度和灭菌时间，设定方法：按"设定"键，用▲▼设定温度值（℃）至 121 ℃；再按"设定"键，用▲▼设定时间（min）为 30 min；按"工作"键，"工作"指示灯亮，系统正常工作，进入自动控制灭菌过程。

（7）灭菌完成后，高压灭菌锅发出"滴滴"声，切断电源，让高压灭菌锅自然降温降压。

（8）当压力降至"0"后，方可打开排气阀，排尽余下的蒸汽，按逆时针方向旋转手轮直至门开，推出外桶盖至漏一缝隙，待热气散尽后再完全打开高压灭菌锅，以免蒸汽烫伤。取出已灭菌物品即可。

**3. 实验室玻璃器皿的灭菌程序**

（1）移液管的包扎。洗净烘干移液管，包装前先用钢丝或牙签等在移液管上端口处塞少量的棉花，既可防止吸取液体时，液体被吸出造成污染；又可对吹入吸管的空气起过滤作用。塞入棉花的量要适宜，距离管口约为 0.5 cm，棉花的长度为 1～1.5 cm。棉花要塞得松紧适度，吹时既能通气又不能使棉花下滑。移液管可用纸分别卷包，也可用多支包成一束或装入金属桶（干热灭菌）进行灭菌。

单支移液管的包装可先将牛皮纸（或报纸）剪成约 5 cm 的长纸条，再将塞好棉花的移液管的尖端放在纸的一端，约呈 45°角，折叠包装纸包住移液管的尖端，一只手拿管身，另一只手压紧管和纸，在桌上向前搓滚，使纸呈螺旋状把管包起来，上端剩余的纸条折叠后打结即可。灭菌烘干后，使用时方可在超净工作台上从纸条中抽出移液管（图1-4）。

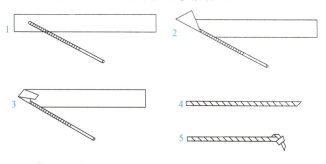

**图 1-4　移液管的包扎示意**

(2)培养皿的包扎。培养皿由一底一盖组成一套，洗净烘干后通常将5～12个玻璃培养皿同向叠放在一起，堆放在牛皮纸或双层报纸上，用双手拇指和食指将纸边裹在培养皿堆表面，同时用双手的无名指和小指挤紧培养皿。将培养皿堆向前滚，顺势将纸紧紧包裹在培养皿堆的外面，整个推进的过程中双手无名指和小指都要挤紧培养皿。包裹的松紧程度直接决定最终的包扎质量。当纸全部包裹在培养皿堆表面后，将培养皿堆竖直放在桌面上，最后将培养皿堆两头的纸依次叠好别紧。培养皿也可置于特定的薄钢板圆桶内(图1-5)。

图1-5 培养皿的包扎

灭菌后的培养皿，使用时方可在无菌区域打开包装纸，以避免空气中微生物的再次污染。

(3)三角瓶、试管、烧杯的包扎。将三角瓶瓶口用塑料封口膜包裹，用橡皮筋勒紧，外面再用报纸裹住(图1-6)。试管管口用硅胶塞好，5～8支为一组，外面再用报纸裹住，棉线包扎，以止防硅胶塞掉下。烧杯用两层报纸和绳包扎即可。

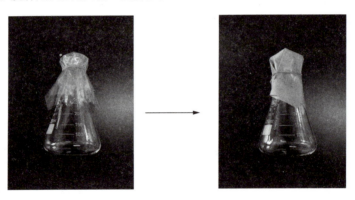

图1-6 三角瓶的包扎

### (二)间歇灭菌法

间歇灭菌法也称为丁达尔灭菌法，是指反复几次常压蒸汽灭菌，以达到杀灭微生物的营养体和芽孢的目的。常压灭菌由于没有压力，水蒸气的温度不会超过100 ℃，只能杀灭微生物的营养体，不能杀死芽孢和孢子，在这种情况下，可采用间歇灭菌法。其具体方法：将待灭菌的物品放入灭菌器或蒸锅中加热至100 ℃，维持30～60 min，可杀死微生物的营养体；然后取出冷却，放入37 ℃恒温培养箱中培养1 d，诱导芽孢萌发成营养体，之后，再放入灭菌器中经蒸煮杀死新的营养体；如此反复三次即可达到灭菌的效果。

间歇灭菌法适用于不宜高压灭菌的物质，且对设备要求低，但此法比较麻烦，而且工作周期长。

### (三)煮沸消毒法

煮沸消毒法是将待消毒的物品放入水中煮沸数分钟而使微生物死亡的方法。其具体操作方法：

将待灭菌的物品放入 100 ℃的沸水中，维持 15～20 min，一般微生物的营养细胞即可被杀死。细菌芽孢通常需煮沸 1～2 h 才被杀死。若在水中加入 2%碳酸钠，可提高沸点达 105 ℃，既能促进细菌芽孢的杀灭，又可防止金属器皿生锈。此法适用于毛巾、器材、家庭用品及食品等的消毒。

### （四）巴氏消毒法

巴氏消毒法为法国微生物学家巴斯德于 19 世纪 60 年代首创，是将物品在温度为 60～85 ℃条件下维持 15 s～30 min，然后迅速冷却达到消毒的目的。有些食品如牛奶、啤酒等，会因高温而破坏营养成分或影响质量，只能用较低温度来杀死其中的病原微生物，这样既能保持食品营养和风味，又保证了食品的卫生安全，因此多用巴氏消毒法消毒。此法的具体操作：将待消毒的物品在温度为 60～62 ℃条件下加热 30 min，或在 70 ℃条件下加热 15 min，以杀死其中的病原菌和一部分微生物的营养体。

## 知识点二　辐射灭菌法

辐射灭菌法利用高能量的电磁辐射和微粒辐射来杀死微生物。通常，辐射灭菌法利用紫外线、高速电子流的阴极射线、X 射线和 γ 射线等进行灭菌。

放射性同位素（60Co 或 137Cs）放射的 γ 射线杀菌。射线可使有机化合物的分子直接发生电离，产生破坏正常代谢的自由基，导致微生物体内的大分子化合物分解。辐射灭菌的特点是不升高灭菌产品的温度，穿透性强，适用于不耐热药物、医疗器械、高分子材料、包装材料等的灭菌。我国有些企业也用 60Co 对某些中药和医疗器械进行灭菌。辐射灭菌的设备费用较高，对某些药品可能产生药效降低、产生毒性物质或发热物质等现象，使用辐射灭菌还应注意采取安全防护措施。

紫外线灭菌法是指用紫外线照射杀灭微生物的方法。一般用于灭菌的紫外线波长是 200～300 nm，灭菌力最强的波长是 253.7 nm（图 1-7）。

紫外线的灭菌作用主要是能诱导胸腺嘧啶二聚体的形成，从而导致微生物的 DNA 复制和转录错误，轻则发生细胞突变，重则造成菌体死亡。另外，空气受紫外线照射后产生微量臭氧，它也有杀菌作用。

紫外线进行直线传播，可被不同的表面反射，穿透力微弱，但较易穿透清洁空气及纯净的水。因此，此法只适用空气和物体表面的灭菌，不适用溶液和固体物质深部的灭菌。普通玻璃可吸收紫外线，因此，装于玻璃容器中的溶液不能采用此法灭菌。

紫外线对人体照射过久，会发生结膜炎、红斑及皮肤烧灼等现象，故不能直视紫外线灯光，更不能在紫外线下工作，一般在人人室前开启紫外线灯 1～2 h，关闭后人才能进入洁净室。

用紫外线照射灭菌时要注意下列问题。

（1）紫外线的杀菌力随使用时间增加而减退，一般使用时间达到额定时间的 70%时应更换紫外线灯管，以保证杀菌效果。国产紫外线灯平均寿命一般为 2 000 h。

（2）紫外线的杀菌作用随菌种不同而不同，杀霉菌的照射量要比杀杆菌大40～50 倍。

（3）紫外线照射通常按相对湿度为 60%的基础设计，室内湿度增加时，照射量应相应增加。

（4）紫外线的灭菌效果与照射的时间长短有关，这需要通过验证来确定照射时间。

视频：超净工作台的操作

超净工作台是一种局部层流（平行流）装置，它能在局部造成高洁净度的工作空间，使小房间内的空气经预过滤器和高效过滤器除尘、洁净后，以垂直或水平层流状态通过操作区，因此，可使操作区保持既无尘又无菌的环境(图1-8)。

超净工作台的操作步骤如下。

(1)检查状态标志，设备应处于完好状态。

图1-7　紫外线灯

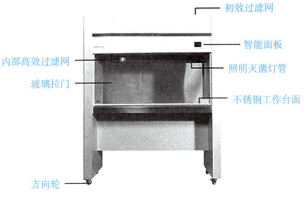

图1-8　超净工作台

(2)将台面擦拭干净，将需要使用的工具/物品表面进行酒精棉擦拭消毒处理后放到工作台上。

(3)将工作台两面玻璃罩拉下，注意双手用力要均匀。

(4)使用前30 min打开紫外线灯，对工作区域进行照射杀菌，处理操作区内表面积累的微生物。

(5)消菌完成后应关闭紫外线灯，启动风机5 min，吹走超净台内的臭氧，避免对操作人员身体造成刺激。

(6)开启日光灯，即可进行操作。

(7)操作区为层流区，因此工作的位置不应阻碍气流正常流动，操作人员应避免扰乱气流的动作。

(8)操作人员戴好一次性口罩、帽子及医用乳胶手套，整个试验过程中，操作人员应按照无菌操作规程操作。

(9)工作完毕后，用75%的酒精擦拭超净工作台台面，关闭风机，打开紫外线灯杀菌15 min，然后关闭电源。清洁机器和工作场所。

(10)使用完毕，填写使用记录。

使用超净工作台注意事项：超净工作台进风口在背面或正面的下方，金属网罩内有一普通泡沫塑料片或无纺布，用以阻拦大颗粒尘埃，应常检查、拆洗，如发现泡沫塑料老化，要及时更换。除进风口外，如有漏气孔隙，应当堵严。超净工作台的金属网罩内是超级滤清器，超级滤清器也可更换，如因使用年久，尘粒堵塞，风速减小，不能保证无菌操作时，则可更换新的。超净工作台使用寿命与空气的洁净程度有关。在温带地区，超净工作台可在一般实验室使用，然而在热带或亚热带地区，大气中含有大量的花粉，或在多粉尘的地区，超净工作台宜放在较好的有双道门的室内使用。任何情况下不应将超净工作台的进风罩对着开敞的门或窗，以免影响超级滤清器的使用寿命。

# 知识点三　化学药品灭菌法

## 一、化学药品灭菌

化学灭菌是指利用化学药物杀死微生物的方法。根据抑菌或杀死微生物的效应，化学药物可分为杀菌剂、消毒剂、防腐剂三类。杀菌剂是指杀死一切微生物及其孢子的药物；消毒剂是只杀死感染性病原微生物的药剂；防腐剂是指只能抑制微生物生长和繁殖的药剂。化学灭菌主要用于生产车间环境的灭菌、接种操作前小型器具的灭菌等，由于化学药物会与培养基中的一些成分作用，且加入培养基后不易去除，所以化学灭菌一般不用于培养基的灭菌。根据灭菌对象的不同，化学灭菌有浸泡、添加、擦拭、喷洒、气态熏蒸等使用方法。化学灭菌常用的化学药物有石炭酸、甲醛、氯化汞、碘酒、酒精、氯（或次氯酸钠）、高锰酸钾、环氧乙烷、季铵盐（或新洁尔灭）、臭氧等（表 1-1）。

表 1-1　常用化学灭菌剂

| 类别 | 代表灭菌剂 | 常用浓度 | 应用范围 | 备注 |
|---|---|---|---|---|
| 醇 | 乙醇 | 70%～75% | 皮肤消毒或器皿表面消毒 | 对芽孢及孢子无效 |
| 醛 | 甲醛（福尔马林） | 36%～40% | 蒸空气（接种室、培养室） | |
| 酚 | 石炭酸、来苏儿 | 3%～5% | 室内空气喷雾消毒<br>擦洗被污染的桌面、地面 | |
| | | 3%～5% | 浸泡过的移液管等玻璃器皿（1 h） | |
| | | 1%～2% | 皮肤消毒（1～2 min） | |
| 酸 | 乳酸 | 80% | 熏蒸空气（接种室、培养室） | 有机酸 |
| | 醋酸 | 3～5 mL/m³ | 熏蒸空气 | 有机酸 |
| | 苯甲酸 | 0.1% | 食品防腐剂（抑制真菌） | 有机酸 |
| | 山梨酸 | 0.1% | 食品防腐剂（抑制霉菌） | 有机酸 |
| | 硫酸 | 0.01 mol/L | 浸泡玻璃器皿 | 无机酸 |
| 碱 | 烧碱 | 4% | 病毒性传染病 | |
| | 石灰水 | 1%～3% | 粪便消毒，畜舍消毒 | |
| 氧化剂 | 高锰酸钾 | 0.1%～3% | 皮肤、水果、茶具消毒 | |
| | 漂白粉 | 1%～5% | 洗刷培养室，饮用水及粪便消毒 | 对噬菌体有效 |
| | 氯气 | 0.2～1.0 mg/m³ | 饮用水消毒 | |
| | 过氧化氢 | 3% | 清洗伤口 | |
| | 碘 | 2.5% | 皮肤消毒 | |
| 重金属盐 | 汞 | 0.05%～0.2% | 非金属表面器皿及组织分离 | |
| 去污剂 | 新洁尔灭<br>（原液为 5% 季铵盐） | 0.25% | 皮肤及器皿消毒 | |
| | | 0.01% | 浸泡用的盖玻片、载玻片 | |
| 染料 | 结晶紫 | 2%～4% | 体表及伤口消毒 | |

## 二、常用消毒剂的配制

配制消毒液时操作人员必须戴橡胶手套，防止烧伤。消毒液配制后必须在容器上贴标签，并注明品名、浓度、配制时间和配制人等信息。

(1)70% 或 75% 乙醇溶液。70% 乙醇溶液：95% 乙醇 70 mL 加水 25 mL；75% 乙醇溶液：95% 乙醇 75 mL 加水 20 mL。其常用于皮肤、工具、设备、容器、房间的消毒。

(2)5% 石炭酸溶液。石炭酸（苯酚）5 g，蒸馏水 100 mL。配制时先将石炭酸在水浴内加热溶解，称取 5 g，倒入 100 mL 蒸馏水中。

视频：75% 酒精的体积配制法

(3)0.1%升汞水溶液(红汞,医用红药水)。升汞(HgCl₂)0.1 g,浓盐酸0.25 mL。先将升汞溶于浓盐酸中,再加水99.75 mL。

(4)1%或2%来苏儿溶液(煤酚皂液)。1%来苏儿溶液:50%来苏儿原液20 mL加水980 mL;2%来苏儿溶液:50%来苏儿原液40 mL加水960 mL。其常用于地漏的液封。

视频:酒精棉球的制作方法

(5)0.2%或0.4%甲醛溶液。0.2%甲醛溶液:35%甲醛原液5 mL加水245 mL;0.4%甲醛溶液:35%甲醛原液10 mL加水240 mL。

(6)3%过氧化氢溶液。取30%过氧化氢原液(双氧水)100 mL加水900 mL。其密闭、避光、低温保存,临用前配制,常用于工具、设备、容器的消毒。

(7)0.25%新洁尔灭溶液。取5%新洁尔灭原液5 mL加水95 mL。其常用于皮肤、工具、设备、容器、房间,具有地漏液封、清洁、消毒的作用。注意:新洁尔灭溶液与肥皂等阴离子表面活性剂有配伍禁忌,易失去杀菌效力。

(8)0.1%高锰酸钾溶液。称取0.1 g高锰酸钾溶于100 mL水中,临用前配制。

(9)2%龙胆紫溶液(紫药水)。龙胆紫为紫绿色有金属光泽的碎片,能溶于水。取医用粉剂龙胆紫2 g,溶解于100 mL无菌蒸馏水中,即配制成2%龙胆紫溶液。它对G⁺细菌作用较强。消毒皮肤和伤口时其浓度为2%～4%。

(10)碘酊溶液(碘酒)。

方法1:称取2 g碘和1.5 g碘化钾,置于100 mL量杯中,加少量50%酒精,搅拌待其溶解后,再用50%酒精稀释至100 mL,即得碘酊溶液。

方法2:碘10 g,碘化钾10 g,70%酒精500 mL。

### 三、臭氧灭菌法

臭氧灭菌法利用臭氧的氧化作用杀死微生物细胞。臭氧在常温常压下分子结构不稳定,很快自行分解为氧气和单个氧原子,后者具有很强的氧化活性,对微生物细胞具有极强的氧化作用。臭氧氧化分解了细菌内部氧化葡萄糖所必需的酶,从而直接破坏其细胞膜,将细菌杀死,多余的氧原子自行结合成氧分子,不存在任何有毒残留物,故称无污染消毒剂。臭氧对细菌、霉菌等微生物都有很好的杀菌效果,具有安全、杀菌作用明显、安装灵活等特点,主要用于洁净室、净化设备的消毒。臭氧由臭氧发生器产生。

## 任务一　玻璃器皿的干热灭菌

### ■任务描述

烧杯、三角瓶、培养皿、移液管是实验室微生物操作最常用的玻璃器皿,在微生物操作过程中,要求所用到的玻璃器皿进行严格灭菌。不同的器皿在灭菌前要进行正确的包扎,保证灭菌结束后在与外界接触的过程中不被污染,同时,保证包扎用到的材料能耐受一定的高温,在灭菌的时候不能烤焦燃烧。

### ■任务实施

(1)对烧杯、三角瓶、培养皿、移液管进行包扎。

(2)将包扎好的烧杯、三角瓶、培养皿、移液管移入干燥箱。

(3)将干燥箱温度、时间设定好，开始灭菌。

(4)灭菌结束，取出灭菌的物品，备用。

**任务报告**

1. 任务目的要求
2. 任务材料准备
3. 任务实施方案
4. 任务结果分析

**任务反思**

**注意事项**

(1)物品不要摆得太挤，以免阻碍空气流通。

(2)灭菌物品不要接触干燥箱内壁的铁板，以防止包装纸烤焦起火。

(3)灭菌箱内温度不能超过180 ℃，否则包装纸或棉塞会烤焦，甚至燃烧。

(4)干燥箱内温度未降到60 ℃，切勿自行打开箱门，以免骤然降温，导致玻璃器皿炸裂。

(5)灭菌后的器皿在使用前勿打开包装，以防止被空气中的杂菌污染。

(6)灭菌后的器皿必须在1周内使用完毕，过期应重新灭菌。

(7)干热灭菌只适于玻璃器皿及金属用具；对于培养基等含水分的物质，高温下易变形的塑

料制品及乳胶制品，则不适合使用。

任务一 考核单

专业：_____ 姓名：_____ 学号：_____ 成绩：_____

| 试题名称 | | 玻璃器皿的干热灭菌 | | | | 时间：120 min | | |
|---|---|---|---|---|---|---|---|---|
| 序号 | 考核内容 | 考核要点 | 配分 | 评分标准 | 扣分 | 得分 | 备注 | |
| 1 | 操作前的准备 | (1)穿工作服 | 5 | 未穿工作服扣5分 | | | | |
| | | (2)试验方案 | 10 | 未写试验方案扣10分 | | | | |
| | | (3)检查样品 | 5 | 未检查样品扣5分 | | | | |
| 2 | 操作过程 | (1)包扎培养皿 | 10 | 包扎操作不规范扣10分 | | | | |
| | | (2)包扎三角瓶 | 5 | 包扎操作不规范扣5分 | | | | |
| | | (3)包扎移液管 | 10 | 包扎操作不规范扣10分 | | | | |
| | | (4)包扎烧杯 | 5 | 包扎操作不规范扣5分 | | | | |
| | | (5)待灭菌物品在干燥箱的摆放 | 10 | 物品摆放不合格的扣5分 | | | | |
| | | (6)干燥箱的灭菌条件设置 | 10 | 条件设置不正确的扣5分 | | | | |
| | | (7)灭菌过程 | 10 | 灭菌过程对设备的照看、对出现问题的处置不当的扣1～10分 | | | | |
| | | (8)灭菌结束的处置 | 10 | 灭菌结束不能按要求取出物品扣10分 | | | | |
| | | (9)原始记录 | 5 | 原始数据记录不规范、信息不全的扣1～5分 | | | | |
| 3 | 文明操作 | 清理仪器用具、试验台面 | 5 | 试验结束后未清理扣5分 | | | | |
| 4 | 安全及其他 | (1)不得损坏仪器用具 | / | 损坏一般仪器、用具按每件10分从总分中扣除 | | | | |
| | | (2)不得发生事故 | / | 发生事故停止操作 | | | | |
| | | (3)在规定时间内完成操作 | / | 每超时1 min从总分中扣5分，超时达3 min即停止操作 | | | | |
| | 合计 | | 100 | | | | | |

否定项：若考生发生下列情况，则应及时终止其考试，考生该试题成绩记为零分。
①违章操作
②发生事故

## 任务二 手提式压力蒸汽灭菌器的使用

**▌任务描述**

手提式压力蒸汽灭菌器是实验室微生物灭菌常用的仪器。其原理是利用高压蒸汽产生的高温，以及热蒸汽的穿透能力，达到灭菌的目的。高压蒸汽灭菌是效果最好、使用最为广泛的灭菌方法，一般适用于培养基、玻璃器皿及其他用具的灭菌。

**▌任务实施**

(1)灭菌器加水、装料并将锅盖拧紧。

(2)接通电源，加热灭菌器，并打开排气阀，以排尽仪器内的冷空气。

(3)关闭排气阀，使灭菌器压力升至 0.1 MPa、温度在 121 ℃时开始灭菌。

(4)灭菌结束，灭菌器自然降温降压，取出灭菌的物品，备用。

**■任务报告**

1. 任务目的要求
2. 任务材料准备
3. 任务实施方案
4. 任务结果分析

**■任务反思**

**■注意事项**

(1)切勿忘记加水，同时水量不可过少，以防止灭菌器烧干而引起炸裂事故。

(2)手提式压力蒸汽灭菌器加热用水应尽量用纯水，以防止产生水垢。

(3)堆放灭菌物品时，严禁堵塞安全阀和放气阀的出气孔，必须留出空位保证其空气畅通，否则安全阀和放气阀因出气孔堵塞不能工作，容易造成安全事故。

(4)灭菌液体时，应将液体灌装在耐热玻璃瓶中，以不超过 3/4 体积为好。

(5)在灭菌液体结束时，不准立即释放蒸汽，必须待压力表指针回零位方可排放余气。

(6)开盖前必须确认压力表指针归零，仪器内无压力。

(7)压力表使用日久后，压力指示不正确或不能恢复零位，应及时请专业人士予以检修。

(8)平时应将设备保持清洁和干燥，方可延长使用年限，橡胶密封圈使用日久会老化，应定期更换。

（9）高压灭菌器上的安全阀是保障安全使用的重要装置，不得随意调节。

任务二　考核单

专业：_____　姓名：_____　学号：_____　成绩：_____

| 试题名称 | | 手提式压力蒸汽灭菌器的使用 | | | 时间：60 min | | |
|---|---|---|---|---|---|---|---|
| 序号 | 考核内容 | 考核要点 | 配分 | 评分标准 | 扣分 | 得分 | 备注 |
| 1 | 操作前的准备 | （1）穿工作服 | 5 | 未穿工作服扣5分 | | | |
| | | （2）试验方案 | 10 | 未写试验方案扣10分 | | | |
| | | （3）检查样品 | 5 | 未检查样品扣5分 | | | |
| 2 | 操作过程 | （1）加水 | 5 | 加水操作不规范扣5分 | | | |
| | | （2）装料 | 5 | 装料操作不规范扣5分 | | | |
| | | （3）加盖 | 10 | 拧紧灭菌器盖操作不规范扣10分 | | | |
| | | （4）排气 | 10 | 排气操作不规范扣10分 | | | |
| | | （5）保压 | 10 | 保压操作不规范扣10分 | | | |
| | | （6）降压 | 10 | 降压操作不规范的扣5分 | | | |
| | | （7）灭菌过程 | 10 | 灭菌过程对设备的照看、对出现问题的处置不当的扣1~10分 | | | |
| | | （8）灭菌结束的处置 | 10 | 起盖、取物过程的处置不当扣1~10分 | | | |
| | | （9）原始记录 | 5 | 原始数据记录不规范、信息不全扣1~5分 | | | |
| 3 | 文明操作 | 清理仪器用具、试验台面 | 5 | 试验结束后未清理扣5分 | | | |
| 4 | 安全及其他 | （1）不得损坏仪器用具 | / | 损坏一般仪器、用具按每件10分从总分中扣除 | | | |
| | | （2）不得发生事故 | / | 发生事故停止操作 | | | |
| | | （3）在规定时间内完成操作 | / | 每超时1 min从总分中扣5分，超时达3 min即停止操作 | | | |
| | | 合计 | 100 | | | | |

否定项：若考生发生下列情况，则应及时终止其考试，考生该试题成绩记为零分。
①违章操作
②发生事故

## 任务三　立式压力蒸汽灭菌器的使用

**任务描述**

立式压力蒸汽灭菌器是微生物实验室的常规灭菌设备，相较于手提式压力蒸汽灭菌器，立式压力设备价格较高，灭菌全过程时间较长，但其在灭菌过程中无须手动操作，且单次可灭菌较多物品。使用立式压力蒸汽灭菌器，除注意安全事项外，关键是会使用操控面板上的按钮设置灭菌温度和时间，以及手动排气阀的使用。操作时，应严格按照立式压力蒸汽灭菌器的操作规程进行。

**■任务实施**

(1)将待灭菌物品(含液体)进行包扎。

(2)对立式压力蒸汽灭菌器进行安全检查和准备。

(3)将待灭菌物品有序放入灭菌器。

(4)灭菌器加盖，关闭手动排气阀。

(5)接通电源，设置灭菌温度和时间，启动设备。

(6)灭菌结束，取出灭菌物品备用。

**■任务报告**

1. 任务目的要求
2. 任务材料准备
3. 任务实施方案
4. 任务结果分析

**■任务反思**

<br><br><br><br>

## 任务三　考核单

专业：_____　　姓名：_____　　学号：_____　　成绩：_____

| 试题名称 | | 立式压力蒸汽灭菌器的使用 | | | 时间：120 min | | |
|---|---|---|---|---|---|---|---|
| 序号 | 考核内容 | 考核要点 | 配分 | 评分标准 | 扣分 | 得分 | 备注 |
| 1 | 操作前的准备 | (1)穿工作服 | 5 | 未穿工作服扣5分 | | | |
| | | (2)试验方案 | 10 | 未写试验方案扣10分 | | | |
| | | (3)检查试验场地 | 5 | 未检查扣5分 | | | |
| 2 | 操作过程 | (1)包扎培养皿 | 5 | 包扎操作不规范扣5分 | | | |
| | | (2)包扎三角瓶(装有液体) | 5 | 包扎操作不规范扣5分 | | | |
| | | (3)检查水位、加水 | 10 | 未检查水位扣5分，加水不当扣5分 | | | |
| | | (4)待灭菌物品在灭菌器内的摆放 | 5 | 物品摆放不合格扣5分 | | | |
| | | (5)关闭灭菌器盖 | 5 | 操作不规范扣5分 | | | |
| | | (6)关闭手动排气阀 | 10 | 操作不规范扣10分 | | | |
| | | (7)设置灭菌的温度、时间 | 10 | 条件设置不正确的扣5分 | | | |
| | | (8)灭菌过程 | 110 | 灭菌过程对设备的照看、对出现的问题处置不当的扣5~10分 | | | |
| | | (9)灭菌结束的处置 | 10 | 处置不当一处扣5分 | | | |
| | | (10)试验记录 | 5 | 数据记录不规范、信息不全扣1~5分 | | | |

续表

| 试题名称 | | 立式压力蒸汽灭菌器的使用 | | | 时间：120 min | | |
|---|---|---|---|---|---|---|---|
| 序号 | 考核内容 | 考核要点 | 配分 | 评分标准 | 扣分 | 得分 | 备注 |
| 3 | 文明操作 | 清理仪器用具、试验台面 | 5 | 试验结束后未清理扣5分 | | | |
| 4 | 安全及其他 | (1)不得损坏仪器用具 | / | 损坏一般仪器、用具按每件10分从总分中扣除 | | | |
| | | (2)不得发生事故 | / | 发生事故停止操作 | | | |
| | | (3)在规定时间内完成操作 | / | 每超时5 min从总分中扣5分，超时达15 min即停止操作 | | | |
| | 合计 | | 100 | | | | |

否定项：若考生发生下列情况，则应及时终止其考试，考生该试题成绩记为零分。
①违章操作
②发生事故

## 任务四　氨苄青霉素溶液的过滤除菌

过滤除菌技术是通过机械作用滤去液体或气体中细菌的方法。该方法最大的优点是不容易破坏溶液中各种物质的化学成分。有些热敏性物质，如抗生素、血清、维生素等采用加热灭菌法时，容易受热分解而被破坏，因此要采用过滤除菌法。过滤除菌法除实验室用于溶液、试剂的除菌外，在微生物工作中使用的净化工作台也是根据过滤除菌的原理设计的。工业上则常用过滤除菌法制备大量无菌空气，供好氧微生物的培养使用(图1-9)。

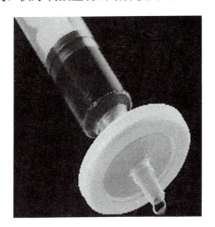

图1-9　注射器式过滤除菌器

### ▌任务描述

氨苄青霉素又称氨苄西林，是一种青霉素类的抗生素，常用于配制含氨苄的LB平板。由于抗生素在高温时易失效，因此在配制含氨苄青霉素的培养基时，氨苄青霉素需单独灭菌，再加入已灭菌的培养基中。灭菌小剂量的氨苄青霉素可采用针式过滤器对氨苄青霉素溶液进行过滤除菌。

**任务实施**

(1)准确称取 5 g 氨苄青霉素。

(2)加入 40 mL 灭菌水，充分混合溶解后定容至 50 mL。

(3)按照无菌操作要求，用针式过滤器(薄膜孔径为 0.22 μm)将氨苄青霉素溶液过滤除菌。

(4)小份分装后，即为 100 mg/mL 氨苄青霉素溶液，置于－20 ℃保存。

**任务报告**

1. 任务目的要求
2. 任务材料准备
3. 任务实施方案
4. 任务结果分析

**任务反思**

## 任务四　考核单

专业：＿＿＿＿＿＿＿＿　　姓名：＿＿＿＿＿＿＿＿　　学号：＿＿＿＿＿＿＿＿　　成绩：＿＿＿＿＿＿＿＿

| 试题名称 | | 氨苄青霉素溶液的过滤除菌 | | | 时间：120 min | | | |
|---|---|---|---|---|---|---|---|---|
| 序号 | 考核内容 | 考核要点 | 配分 | 评分标准 | 扣分 | 得分 | 备注 | |
| 1 | 操作前的准备 | (1)穿工作服 | 5 | 未穿工作服扣 5 分 | | | | |
| | | (2)试验方案 | 10 | 未写试验方案扣 10 分 | | | | |
| | | (3)检查样品 | 5 | 未检查样品扣 5 分 | | | | |
| 2 | 操作过程 | (1)超净工作台的准备 | 5 | 超净工作台的操作不规范扣 5 分 | | | | |
| | | (2)计算氨苄青霉素 | 5 | 计算不正确扣 5 分 | | | | |
| | | (3)检查过滤器 | 5 | 未检查过滤器扣 5 分 | | | | |
| | | (4)更换滤膜 | 10 | 未更换滤膜扣 10 分 | | | | |
| | | (5)过滤除菌 | 10 | 操作不合格的扣 5 分 | | | | |
| | | (6)分装 | 10 | 操作不正确的扣 5 分 | | | | |
| | | (7)除菌过程 | 15 | 除菌过程对设备的照看、对出现问题的处置不当的扣 1～15 分 | | | | |
| | | (8)除菌结束的处置 | 10 | 除菌结束后处置不当扣 1～10 分 | | | | |
| | | (9)原始记录 | 5 | 原始数据记录不规范、信息不全的扣 1～5 分 | | | | |

续表

| 试题名称 | | 氨苄青霉素溶液的过滤除菌 | | | | 时间：120 min | | |
|---|---|---|---|---|---|---|---|---|
| 序号 | 考核内容 | 考核要点 | 配分 | 评分标准 | | 扣分 | 得分 | 备注 |
| 3 | 文明操作 | 清理仪器用具、试验台面 | 5 | 试验结束后未清理扣 5 分 | | | | |
| 4 | 安全及其他 | (1)不得损坏仪器用具 | / | 损坏一般仪器、用具按每件 10 分从总分中扣除 | | | | |
| | | (2)不得发生事故 | / | 发生事故停止操作 | | | | |
| | | (3)在规定时间内完成操作 | / | 每超时 1 min 从总分中扣 5 分，超时达 3 min 即停止操作 | | | | |
| | 合计 | | 100 | | | | | |

否定项：若考生发生下列情况，则应及时终止其考试，考生该试题成绩记为零分。
①违章操作
②发生事故

## 项目小结

1. 本项目主要讲解灭菌方法的基础知识和操作技能。

2. 常见的灭菌方法主要有加热灭菌（包括干热灭菌与湿热灭菌）、过滤除菌、射线灭菌等物理法，以及采用无机或有机化学药剂进行消毒与灭菌的化学法。工业培养基灭菌主要有分批灭菌和连续灭菌两种。分批灭菌简单、易操作，适合小批量生产规模或含大量固体物质的培养基灭菌，连续灭菌效率高、灭菌质量稳定，易于实行管道化和自动化控制，适合大规模生产使用。培养基的灭菌质量由灭菌时间、灭菌温度、其他影响因素三个方面来确定，其中灭菌时间的确定和灭菌温度的选择应符合培养基湿热灭菌原理。

## 思 考 题

1. 发酵工业中常用的灭菌方法有哪些？

2. 为什么干热灭菌要比高压蒸汽灭菌温度高、时间长？

3. 影响培养基灭菌的因素有哪些？

# 项目二　发酵培养基的制备

## 项目资讯 📄

### 培养液灭菌事故

2016 年 5 月 25 日 21:00 左右，某高校实验室博士研究生使用高压灭菌器对培养液进行灭菌操作。在完成灭菌作业、灭菌器腔内压力降为零后，该生开盖取出培养液玻璃瓶的过程中，玻璃瓶突然爆裂，导致研究生面部被玻璃片划伤，左眼视网膜、双手及胸部等多处被蒸汽灼伤。

事故原因：该博士研究生在对培养液进行灭菌操作过程中，培养液未按要求随灭菌器自然冷却，而是违规强制排汽冷却，在取出培养液玻璃瓶时瓶体开裂，出现培养液爆沸现象，导致人体被玻璃碎片划伤和蒸汽灼伤。

## 项目描述 🖥

微生物发酵，不仅要为微生物生长繁殖提供适宜的温度、湿度、氧气等环境条件，还要为微生物提供各种营养物质，也就是培养基。培养基是指人工配制的适合微生物生长繁殖或积累代谢产物的营养基质，一般含有碳源、氮源、矿物质(无机盐，包括微量元素)，以及水和生长因子等。上述物质只具有一般性，并不是所有微生物都需要，如自养型微生物，自身可合成碳水化合物，因此其培养基中无须加入碳源。另外，根据培养基的成分、物理状态、用途等，可将培养基分为多个种类。

## 学习目标 🎯

(1)掌握培养基的制备原则。
(2)熟悉培养基组分及各组分与微生物培养的关系。
(3)了解培养基的分类和用途。
(4)掌握实验室常用培养基的配制方法。
(5)了解工业培养基的灭菌方法。
(6)培养良好的试验习惯，养成严谨的科学态度。

## 知识链接 🧪

## 知识点一　培养基配制的基础知识

### 一、培养基的制备原则

培养基是根据各类微生物生长繁殖的需要，用人工方法将多种物质混合而成的营养物，可用来培养微生物，也可用来分离微生物菌种。无论制备哪种类型或用途的培养基，一般都应遵循以下原则和要求。

（1）根据不同微生物的营养需要配制不同的培养基。

（2）注意各种营养物质的浓度及合适配合比，保持合适的渗透压。

（3）将培养基的pH值控制在适宜的范围内，以利于不同类型微生物的生长繁殖或代谢产物的积累。

（4）经济节约，在所选培养基成分能满足微生物培养要求的前提下，尽可能选用价格低、资源丰富的材料作培养基成分。

（5）控制氧化还原电位，对厌氧的微生物尤其重要。

（6）培养基须无菌，故在培养基配制后应尽快且彻底杀死培养基中的杂菌。

## 二、培养基的成分

培养基的组成中除水分外，碳源和氮源的含量是最大的。碳源含量一般不超过10％，氮源含量较低，一般碳、氮比应为（3～4）∶1。

### （一）碳源

碳源具有双重作用，一是在微生物生产生物物质或生物化工产品过程中，提供碳元素；二是在上述过程中提供能量。微生物发酵常用的碳源营养主要有糖类物质（如葡萄糖、糖蜜、淀粉、糊精等）、油脂（如豆油、菜籽油、猪油、鱼油等）、有机酸（如乳酸、柠檬酸、乙酸等或它们的盐）、正烷烃（如烷烃混合物、甲烷、乙烷等）和低碳醇（如甲醇、乙醇）等。

### （二）氮源

氮源包括无机氮源和有机氮源，两者应当混合使用。在发酵早期，采用易利用、易同化的无机氮源；在发酵中期，菌体的代谢酶系已形成，此时可应用有机氮源。无机氮源会引起发酵中pH值的变化，而有机氮源往往会加快微生物的生长。

无机氮源的特点是成分简单、质量稳定、易被菌体吸收利用，因此也称其为速效氮源。常用的无机氮源有铵盐、硝酸盐和氨水等。

有机氮源包括氨基酸、蛋白质等，出于成本考虑，生产中一般采用低价的天然原料或副产品作为有机氮源。常用的有机氮源有花生饼粉、黄豆饼粉、玉米浆、蛋白胨、酵母粉、尿素、废菌丝体和酒糟等。

### （三）无机盐及微量元素

微生物在生长繁殖和代谢产物的合成过程中，还需要某些无机离子，如硫、磷、镁、钙、钠、钾、铁等。硫、磷、镁、钙、钠、钾等元素所需浓度相对较大，一般在 $10^{-4}\sim10^{-3}\,mol/L$ 范围内，属于大量元素，在配制培养基时需要以无机盐的形式加入。铁、铜、锌、锰、钼和钴等所需浓度在 $10^{-8}\sim10^{-6}\,mol/L$ 范围内，属于微量元素。天然原料和天然水中微量元素都以杂质等状态存在，因此，配制天然培养基（复合培养基）时一般无须单独加入微量元素，配制合成培养基或某个特定培养基时才需要加入。

### （四）水

水是微生物机体必不可少的组成成分。培养基中的水在微生物生长和代谢过程中不仅提供了必需的生理环境，而且具有重要的生理功能。生产中使用的水有深井水、地表水、自来水、纯净水等。

### （五）生长因子

生长因子是微生物自身不能合成但却是生长必不可少的营养物。从广义上讲，凡是微生物生长不可缺少的微量有机物质，如氨基酸、嘌呤、嘧啶、维生素等均称为生长因子。狭义的生长因子一般仅是指维生素，微生物所需的维生素多为 B 族维生素。

### (六)前体

在微生物代谢产物的生物合成过程中，有些化合物能直接被微生物利用，是构成产物分子结构的一部分，而化合物本身的结构没有大的变化，这些化合物称为前体。前体的添加可显著提高产物的产量，例如，青霉素在发酵生产中，通过添加玉米浆提高青霉素产量，因为玉米浆中含有青霉素发酵的前体物质苯乙酸。

### (七)促进剂和抑制剂

在发酵培养基中加入某些微量的化学物质，可以促进目的代谢产物的合成，这些物质被称为促进剂，例如，在四环素的发酵培养基中加入硫氰化苄或 2-巯基苯并噻唑，促进四环素的合成。

在发酵过程中加入某些化学物质会抑制某些代谢途径的进行，同时会使另一代谢途径活跃，从而获得人们所需的某种代谢产物，或使正常代谢的中间产物积累起来，这种物质被称为抑制剂。如在利福霉素 B 发酵时，加入二乙基巴比妥盐可抑制其他利福霉素的生成。

### (八)消泡剂

工业发酵中常用一些消泡剂消除发酵中产生的泡沫，防止逃液和染菌，保证生产的正常运转。常用的消泡剂有植物油脂、动物脂肪和一些化学合成的高分子化合物。

## 三、培养基的分类

培养基的分类依据有很多，可以根据培养基组成成分的纯度、培养基的物理状态、培养基的特殊用途等进行分类。

### (一)按照培养基组成成分的纯度分类

培养基按其组成成分的纯度可分为合成培养基、天然培养基和半合成培养基三类。

(1)合成培养基。合成培养基是用化学成分明确、稳定的物质配制的培养基。如高氏一号培养基、马丁氏培养基等。合成培养基不适用于大规模生产，而适用于菌种的营养代谢、分类鉴定等定量研究工作。

(2)天然培养基。天然培养基也称为复合培养基，是由化学成分不清楚或化学成分不恒定的天然有机物组成的培养基。天然培养基的制备原料主要是动、植物组织或微生物的浸出物、水解液等，如牛肉膏、蛋白胨、酵母膏、麦芽汁、玉米浆、黄豆饼粉、淀粉水解液、糖蜜等。

(3)半合成培养基。半合成培养基既含天然成分，又含化学试剂，即在天然有机物的基础上适当加入已知成分的无机盐类，或在合成培养基的基础上添加某些天然成分，如培养霉菌用的马铃薯葡萄糖琼脂培养基。这类培养基能更有效地满足微生物对营养物质的需要，在发酵生产中也多被采用。

### (二)按照培养基的物理状态分类

培养基按其物理状态可分为液体培养基、固体培养基和半固体培养基三类。

(1)液体培养基。液体培养基呈液态，其中不加任何凝固剂，水占 80%～90%，含有可溶性的或不溶性的组分。液体培养基是发酵工业大规模使用的培养基，如培养种子和发酵用的培养基，在培养过程中，通过振荡或搅拌，培养基中营养物质分布均匀，同时，还可增加培养基的通气量，有利于氧的传递。

(2)固体培养基。固体培养基有固化培养基和天然固体培养基两种。固化培养基是在液体培养基中加入一定量的凝固剂配制成的培养基，常用的凝固剂是琼脂，加量 2%左右。固化培养基适用于菌种和孢子的培养与保存，以及菌种的分离、菌落特征的观察、活菌计数和菌种鉴定等。天然固体培养基是由天然固态基质(如麸皮、大米、小米、木屑、禾壳等)加少量水配制而成的，主要用于孢子培养，以及药用、食用菌的生产。

(3)半固体培养基。半固体培养基是在液体培养基中加入少量的琼脂，一般用量为 $0.5\%\sim0.8\%$，培养基呈半固体状态。半固体培养基主要用于鉴定细菌、观察细菌的运动特征及噬菌体的效价测定等，也用于厌氧菌的培养和保藏。

### (三)按照培养基的特殊用途分类

培养基按其特殊用途可分为加富培养基、选择培养基和鉴别培养基。

(1)加富培养基。加富培养基是在培养基中加入血、血清、动植物组织提取液等，用以培养要求比较苛刻的某些微生物。

(2)选择培养基。选择培养基是根据某一种或某一类微生物的特殊营养要求或对一些物理、化学抗性而设计的培养基，利用这种培养基可以将所需的微生物从混杂的微生物中分离出来。例如，利用三种选择培养基分别从土壤中分离细菌、放线菌和真菌，即牛肉膏蛋白胨培养基分离细菌、高氏一号培养基分离放线菌、马丁氏培养基分离真菌。

(3)鉴别培养基。鉴别培养基是一类通过辨色就能将不同微生物区分开的培养基，它是在组分中加入某种指示剂，指示剂能与目的菌的无色代谢产物发生显色反应，经过培养，只需用肉眼辨别颜色便能从类似菌落中找到目的菌菌落。

### (四)按照培养基发酵生产用途分类

培养基按其发酵生产用途可分为孢子培养基、种子培养基、发酵培养基。

(1)孢子培养基。孢子培养基是供菌种繁殖孢子的一种常用固体培养基，对这种培养基的要求是能使菌体迅速生长，产生较多的优质孢子，并要求这种培养基不易引起菌种发生变异。生产上常用的孢子培养基有麸皮培养基、小米培养基、大米培养基、玉米碎屑培养基，以及用葡萄糖、蛋白胨、牛肉膏和食盐等配制成的琼脂斜面培养基。

(2)种子培养基。种子培养基为孢子发芽、生长提供营养，使孢子大量繁殖菌丝体，并使菌体长得粗壮，成为活力强的"种子"。一般种子培养基都用营养丰富且完全的天然有机氮源，因为有些氨基酸能刺激孢子发芽。而无机氮源容易利用，有利于菌体迅速生长，因此，在种子培养基中常同时含有有机氮源和无机氮源。最后一级的种子培养基的成分最好能较接近发酵培养基，这样可使种子进入发酵培养基后能迅速适应，快速生长。

(3)发酵培养基。发酵培养基是供菌种生长、繁殖和合成目的产物用的培养基。它既要使种子接种后能迅速生长，达到一定的菌丝浓度；又要使长好的菌体能迅速合成产物。因此，发酵培养基的组成除含有菌体生长所必需的元素和化合物外，还要有产物所需的特定元素、前体和促进剂等。若因菌体生长和合成产物需要的总的碳源、氮源、磷源等的浓度太高，或生长和合成两阶段各需的最佳条件要求不同，可考虑运用给培养基分批补料的方法来满足发酵条件。

## 四、培养基的原料处理

### (一)淀粉原料的处理

淀粉原料是低价、易得的碳源，普遍使用于发酵工业中。然而大多数微生物不能直接利用淀粉，注意所有的氨基酸生产菌都不能直接利用淀粉。即使有些微生物能够直接利用淀粉，也必须在微生物产生淀粉酶后才能进行，因此发酵过程缓慢，发酵周期也较长。另外，若直接利用淀粉做原料，灭菌过程的高温会导致淀粉结块，发酵液黏度剧增。因此，在发酵生产之前，必须对淀粉原料进行处理，即将淀粉水解为葡萄糖，才能供发酵使用。在工业生产中，将淀粉水解为葡萄糖的过程称为淀粉的糖化，制得的溶液称为淀粉水解糖。

根据原料中淀粉的性质和水解使用催化剂的不同，淀粉的糖化方法可分为酸解法、酶解法和酸酶/酶酸结合法。

(1)酸解法。酸解法是指在糊化温度以下对天然淀粉用无机酸进行处理，改变其性质而得到变性淀粉。该变性淀粉黏度低，能配制高浓度糊液，适合要求高浓低黏的食品及化工行业。以玉米、小麦等谷物类淀粉作为原料生产的酸解淀粉凝沉性较强，限制了酸解淀粉的广泛应用。国内味精厂多数采用淀粉酸水解工艺。

(2)酶解法。先用 α-淀粉酶将淀粉水解成糊精和低聚糖，然后再用糖化酶将糊精和低聚糖进一步水解成葡萄糖的方法，称为酶解法。国外味精厂淀粉水解糖的制备方法一般采用酶水解法，采用该方法的优点：在水解液中的色素等杂质明显减少，简化了脱色工艺，并且反应条件较温和，不需要耐高温、高压的设备，节省了设备投资，改善了操作条件，淀粉水解过程中很少有副反应发生，淀粉水解的转化率较高。但国内酶解法的应用并不十分广泛，这是因为花费的时间长，酶解操作较严格，需要的设备比酸解法多。

(3)酸酶/酶酸结合法。酸酶结合法先用酸解法将淀粉水解成糊精和低聚糖，然后再用糖化酶将酸解产物糖化成葡萄糖。淀粉的液化是借助于酸解作用，液化速度比淀粉酶迅速，与双酶法相比，淀粉水解时间明显缩短。本法适合玉米、小麦等淀粉颗粒坚实的原料。

酶酸结合法是先用淀粉酶水解，然后再用酸将糊精水解成葡萄糖。因葡萄糖是由酸催化产生的，为了防止复合反应的发生，液化时淀粉乳的浓度不能太高，最高不超过 20%。本法适合像碎米那样大小不同的原料。

### (二)糖蜜原料的处理

糖蜜是甘蔗或甜菜糖厂的末次母液，含有相当数量的可发酵性糖，但常含较多杂质，大多对发酵产生不利的影响，因此，糖蜜必须进行预处理才能用于发酵工业。糖蜜预处理的方法可概括为澄清、脱钙、除生物素。

(1)澄清处理。糖蜜澄清处理操作步骤：第一步加酸酸化，加硫酸使蔗糖转化为单糖，同时能起到抑菌作用，灰分变为硫酸钙沉淀，吸附胶体除去杂质；第二步加热灭菌，温度为 80～90 ℃，时间 60 min；第三步静止沉淀，除去加酸、加热过程中的不溶性沉淀。常用的澄清方法有冷酸通风沉淀法、热酸通风沉淀法和絮凝剂澄清处理法。

(2)脱钙处理。糖蜜中含有较多钙盐，影响产品的结晶提取，因此必须除钙。常用纯碱 ($Na_2CO_3$)作为钙盐沉淀剂，具体操作方法：糖蜜稀释至 40～50 °Bx(糖锤度)，加热至 80～90 ℃，保持 30 min，最后过滤，可将钙盐降至 0.02%～0.06%。

(3)除生物素处理。糖蜜的生物素含量丰富，为 40～2 000 μg/kg，甘蔗糖蜜的生物素含量是甜菜糖蜜的 30～40 倍。对于生物素缺陷性菌株，生物素将严重影响菌株细胞膜的渗透性，导致代谢产物不能积累。因此，可在发酵过程中添加一些对生物素产生拮抗作用的化学药剂(表面活性剂)，或添加一些能够抑制细胞壁合成的化学药剂(青霉素)来改善细胞膜的渗透性，从而降低生物素的影响。在发酵前用活性炭、树脂吸附生物素，或者用亚硝酸破坏生物素，可以去除糖蜜中的生物素。

## 五、培养基的制备工艺

培养基一般都含有碳水化合物、含氮物质、无机盐(包括微量元素)及维生素和水等。微生物、植物组织或动物组织的生长和维持所需的养分不同，因此，不同类型的培养基制备程序也不尽相同，但通常培养基配制过程可分为八个步骤，即配制溶液、调节 pH 值、过滤、分装、封口、灭菌、制作斜面培养基和平板培养基、保存。

### (一)配制溶液

向容器内加入所需水量的一部分，按照培养基的配方，称取各种组分，依次加入使其溶解，最后补足所需水分。对某些需加热溶解的组分，如可溶性淀粉、蛋白胨、牛肉膏等物质，加热过程所蒸发的水分，应在全部组分溶解后加水补足。

配制固体培养基时，先将上述已配制好的液体培养基煮沸，再将称取好的琼脂加入，继续加热至完全溶化，并不断搅拌，以免琼脂糊底烧焦。如果培养基并不需要分装，也可以在配制的所有程序完成后添加琼脂，无须搅拌，封口灭菌。

### (二)调节 pH 值

用 pH 试纸或 pH 酸度计测试培养基的 pH 值，如不符合需要，可用 1 mol/L HCl 或 1 mol/L NaOH 进行调节，直到调节到配方要求的 pH 值为止。

### (三)过滤

培养基如果需要过滤，可用纱布、滤纸或棉花将已配制好的培养基过滤。用纱布过滤时，最好折叠成六层；用滤纸过滤时，可将滤纸折叠成瓦楞形，铺设在漏斗上过滤。

### (四)分装

如果要制作斜面培养基，可将培养基分装于试管中。如果要制作平板培养基或液体、半固体培养基，则可将培养基分装于三角瓶内。分装时，注意不要使培养基黏附于管口或瓶口，以免引起杂菌污染。

培养基的分装量视试管和三角瓶的大小或需要而定。一般制作斜面培养基时，每支 15 mm×150 mm 的试管，装 3~4 mL(1/4~1/3 试管高度)。如制作深层培养基，每支 20 mm×220 mm 的试管装入 12~15 mL。每支三角瓶装入的培养基，一般以其容积的一半为宜。

### (五)封口

培养基分装完毕后，常用棉塞封住试管口或三角瓶口。封棉塞的主要目的是过滤空气，避免污染。棉塞应采用普通新鲜、干燥的棉花制作，不要用脱脂棉，以免因脱脂棉吸水使棉塞无法使用。制作棉塞时，要根据棉塞大小将棉花铺展成适当厚度，揪取适宜大小的一块，铺在左手拇指与食指圈成的圆孔中，用右手食指插入棉花中部，同时左手拇指与食指稍稍紧握，就会形成一个长棒形的棉塞。棉塞制成后，应迅速塞入管口或瓶口中，棉塞应紧贴内壁不留缝隙，以防止空气中的微生物顺着缝隙侵入。棉塞不能过紧或过松，塞好后，以手提棉塞，试管或三角瓶不下落为宜。棉塞的 2/3 应在管内或瓶内，上端露出少许棉花便于拔取。棉塞外应再用厚纸包裹，用绳捆扎，准备灭菌。

试管口也可用硅胶塞封口。棉塞和硅胶塞在过滤杂菌方面没有区别，都能够保证无菌条件，但硅胶塞比棉塞要致密，透气性不如棉塞。因此，制作高耗氧性母种时应该使用棉塞，而菌种保藏为了防止培养基水分蒸发应该使用硅胶塞。另外，硅胶塞使用便捷、寿命更长，棉塞虽然也可重复利用，但是次数较少，重新使用时形状也会变化，而硅胶塞可不限次数的重复使用，每次使用后清洗即可。

三角瓶装培养基，如果用于组织培养，或灭菌后即刻使用，瓶口可用三角瓶封口膜封口。这种封口膜使用方便，可水洗、多次重复使用，但封口膜中央棉芯单薄，滤菌性不及棉塞，透气性好，水分蒸发快，因此不利于培养基较长时间的存放。

### (六)灭菌

不同成分、性质的培养基，可采用不同的灭菌方法，高压蒸汽灭菌法较为常用。高压蒸汽灭菌的温度与时间根据培养基的种类及分装量的不同有所差别，少量分装时，121 ℃（高压103.4 kPa）灭菌15～20 min即可；分装量较大时，可121 ℃灭菌30 min。糖类物质在高温下易发生碳化反应，因此，含糖培养基灭菌温度不宜过高，以免糖类物质被破坏，一般115 ℃高压灭菌15 min即可。

### （七）制作斜面培养基和平板培养基

培养基灭菌后，如制作斜面培养基和平板培养基，须趁培养基未凝固时进行。

视频：LB试管斜面培养基制备

（1）制作斜面培养基。在试验台上放一支长0.5～1 m的木条，厚度为1 cm左右。将试管头部枕在木条上，使管内培养基自然倾斜，凝固后即成斜面培养基。

（2）制作平板培养基。将盛有灭菌（或加热融化）培养基的三角瓶和无菌培养皿放在试验台上，培养基冷却至50 ℃左右，点燃酒精灯，右手托起三角瓶瓶底，左手取下封口膜，将瓶口在酒精灯上稍作灼烧，左手打开培养皿盖，右手迅速将培养基倒入培养皿，切勿将皿盖全部开启，以免空气中尘埃及细菌落入。内径为9 cm的培养皿倾注培养基13～15 mL，轻摇皿底，使培养基平铺于培养皿底部，静置15 min左右，待培养基凝固后，即成平板培养基，简称平板。待制备完成所需的全部平板后，可5个平板一叠，倒置过来，平放在恒温培养箱里，37 ℃培养，24 h后检查，如平板未长杂菌，即可用来培养微生物。

### （八）保存

配制好的培养基不宜保存过久，以少量勤做为宜。每批培养基应注明名称、分装量、制作日期等，放置于4 ℃冰箱内备用。

## 知识点二　发酵培养基的灭菌

### 一、工业培养基灭菌条件的选择

在发酵工业中，培养基的灭菌常采用湿热灭菌法，其蒸汽来源容易，本身无毒，操作方便，费用低，因此，是一种简单、低价、有效的工业培养基灭菌方法，同时，也可用于设备、管路等的消毒灭菌。

培养基在灭菌过程中，在微生物被杀死的同时，培养基成分也受到热破坏。因此，选择恰当的灭菌条件是灭菌的关键。在生产过程中，灭菌条件选择的原则是既能达到灭菌目的，又能使培养基成分破坏减至最小。

### （一）培养基灭菌温度及灭菌时间的选择

用湿热灭菌方法对培养基灭菌时，除微生物被杀死外，还伴随着培养基营养成分的破坏。例如，在高压加热的条件下，会发生糖液焦化变色、蛋白质变性、维生素失活等现象，因此，选择一种既能达到灭菌要求，又能减少营养成分被破坏程度的温度和受热时间，是提高培养基灭菌质量的重要措施。

研究表明，随着温度的升高，菌体死亡速率和培养基成分分解速率都加快，该变化情况可用$Q_{10}$来表示（$Q_{10}$为温度升高10 ℃时的反应速率常数与原温度时的反应速率常数的比值）。一般化学反应的$Q_{10}$为1.5～20，杀灭微生物营养体的反应为5～10，杀死细菌芽孢时的反应为35左右。这说明，在灭菌过程中，当温度升高时，两种反应过程的反应速率常数都在增加，但微生物死亡的活化能远大于营养成分被破坏的活化能，所以微生物死亡速度更快。在将芽孢杆菌和维生素B放在一起灭菌的试验中发现，当温度升至118 ℃，加热时间为15 min，可杀死99.99％的细菌芽孢，维生素B的破坏率为10％；而在温度120 ℃下加热1.5 min，细菌芽孢的死亡率仍为99.99％，而维生素的破坏率为5％。由此看来，采用高温快速灭菌方法，可达到既杀死培养基中的全部有生命的有机体，又减少营养成分的破坏。理论上不同温度和灭菌时间及培养基营养成分的破坏情况见表2-1。

表 2-1 不同温度和灭菌时间及培养基破坏情况

| 温度/℃ | 灭菌时间/min | 营养成分破坏/% | 温度/℃ | 灭菌时间/min | 营养成分破坏/% |
|---|---|---|---|---|---|
| 100 | 400 | 99.3 | 130 | 0.5 | 8 |
| 110 | 30 | 67 | 140 | 0.08 | 2 |
| 115 | 15 | 50 | 150 | 0.01 | <1 |
| 120 | 4 | 27 | | | |

需要注意的是，灭菌程度的确定对于灭菌时间有很大的影响，根据微生物的热死规律（即对数残留规律），杀死微生物所需时间计算公式为

$$\theta = \frac{1}{k} \ln \frac{N_0}{N_\theta}$$

式中　$\theta$——灭菌时间(s)；

　　　$N_0$——灭菌开始时原有活菌数(个)；

　　　$N_\theta$——经过$\theta$时间灭菌后的残留菌数(个)；

　　　$k$——反应速率常数，与温度和菌体本身有关($s^{-1}$)。

可见，灭菌程度（残留菌数）直接影响灭菌时间。因为芽孢比较耐热，故一般只考虑将芽孢细菌和细菌的芽孢数作为计算的依据。如果要求彻底灭菌，即$N_\theta = 0$，则$\theta$为$\infty$，方程式无意义，事实上也不可能，一般取$N_\theta = 0.001$，即1 000次灭菌中有1次失败。

### (二)影响培养基灭菌的因素

影响灭菌效果的因素包括灭菌温度和时间、所污染杂菌的种类及数量、培养基成分、培养基的物理状态、pH值、搅拌、泡沫等。

(1)灭菌温度和时间。培养基的质量受灭菌温度的高低、灭菌时间长短的影响，一般高温短时效果较好。

(2)所污染杂菌的种类及数量。培养基中微生物数量越多，达到灭菌效果所需的时间越长；菌龄短的较菌龄长的微生物个体更易被杀死；细菌、酵母的营养体及霉菌的菌丝体耐热性较差，而放线菌、霉菌孢子更耐热，细菌芽孢的耐热性要更强一些，灭菌彻底与否的标准常以杀死芽孢为标准。

(3)培养基成分。培养基成分对灭菌效果也有影响，培养基中的脂肪、糖分和蛋白质等有机物，会在微生物周围形成一层薄膜，影响热传导，增加灭菌难度。而高浓度盐类、色素等的存在会增加微生物细胞的通透性，会削弱微生物细胞的耐热性，一般较易灭菌。

(4)培养基的物理状态。培养基的物理状态对灭菌有极大的影响，固体培养基的灭菌时间要长于液体培养基的灭菌时间；液体培养基中固体颗粒小，灭菌容易；固体颗粒大，则灭菌难，固体颗粒过大时应在不影响培养基质量的条件下，对其进行粗过滤处理，并适当提高灭菌温度，才能彻底灭菌。

(5)pH值。pH值对微生物的耐热性影响很大，pH值越低，灭菌时间越短，同时要兼顾微

生物生长对 pH 值的要求，若两者有较大矛盾则应考虑适当延长灭菌时间或提高灭菌温度。

（6）搅拌。实罐灭菌时，搅拌可使培养基在罐内始终充分均匀地翻动，能防止培养基局部过热而营养物质破坏过多，或局部死角温度过低而杀菌不彻底等问题。

（7）泡沫。培养基灭菌时易产生泡沫，而泡沫中的空气容易在泡沫和微生物间形成隔热层，使灭菌温度不易达到微生物的致死温度，造成灭菌不彻底，一般可通过加消泡剂及控制好进气和排气的平衡来解决。

另外，实罐灭菌时，若罐内空气排出不完全，压力表显示值包括罐内蒸汽压力和罐内空气分压，实际灭菌温度就低于压力表显示压力所对应的温度，会因灭菌温度不够而灭菌不彻底。

## 二、工业培养基的灭菌方法

在工业生产中，培养基的灭菌方法有分批灭菌和连续灭菌。

### （一）分批灭菌

分批灭菌也称实消、实罐灭菌、间歇灭菌。此法是指将配制好的培养基放入发酵罐或其他储存容器中，向其中通入蒸汽，实现对培养基及所用设备一起灭菌的操作过程。分批灭菌的灭菌效果可靠，灭菌用蒸汽要求低（0.2～0.3 MPa 表压）；设备要求简单，无须另外设置加热冷却装置，设备投资少；操作要求低。但其升温降温较慢，灭菌时间长，对培养基成分破坏大，灭菌后培养基质量会下降；灭菌过程需反复进行加热和冷却，能耗较高；间歇式操作，发酵罐利用率较低，操作难于实现自动控制。

由以上分批灭菌的优点、缺点可知，分批灭菌适用于手动操作，小规模生产，也适用于固体物质含量大的培养基或有较多泡沫的培养基灭菌；不适用于大规模生产的培养基灭菌，因此，分批灭菌是中小型发酵罐经常采用的一种培养基灭菌方法。

分批灭菌的具体操作步骤如下。

（1）灭菌前准备。先将与发酵罐相连的空气分过滤器灭菌，之后用空气吹干、保压。培养基按照培养基配方于配制罐中配制好，通过专用管道输送至发酵罐中，然后开动搅拌以防料液沉淀，之后放去夹套或蛇管中的冷却水，开启排气管阀门，准备开始灭菌。

（2）升温。灭菌时先利用夹套或蛇管中通入蒸汽间接加热升温，并开启搅拌，温度升至80 ℃左右时停止搅拌，并关闭夹套或蛇管蒸汽阀门。然后开空气、取样、放料管路 3 路进气阀，由空气管、取样管、放料管蒸汽旁通阀门向发酵罐内的培养基直接通入蒸汽进一步加热，当排气管冒出大量蒸汽后，可打开接种、补料、消泡剂、酸碱等管道阀门，并调节好各排气阀和进气阀的开度，使培养基温度上升。

（3）保温。当培养基温度达到 121 ℃，罐压达 0.1 MPa（表压）时，开始保温计时，保温30 min 左右。

（4）降温。保温结束，依次关闭各排气阀、进气阀，同时向夹套或蛇管中通入冷却水，温度降至 70～80 ℃后开始搅拌，继续降温至培养温度，便可进行下一步的接种或发酵操作。同时注意，降温时，当罐内压力低于分过滤器空气压力，需要向罐内通入无菌空气进行保压。

分批灭菌操作的注意事项：配制培养基时应注意计量准确，所配制的培养基体积应扣除种子液的体积和灭菌过程冷凝水的预留体积。实消前要对发酵罐进行空消，并校正 pH 值、DO 等传感电极。在加热和保温过程中，各路蒸汽进口要通畅，防止短路逆流；罐内液体翻动要剧烈，以使罐内物料达到均一的灭菌温度；排气量不宜过大，以节约蒸汽用量；应防止突然开大或关小进气阀、排气阀，避免泡沫大量产生，造成灭菌不彻底，使营养成分遭到破坏；另外，还应注意，凡在培养基液面下的各种进口管道均应通入蒸汽，而在培养基以上的其余管道应排放蒸保温结束后的冷却阶段，应先关闭各排气阀，再关闭各进气阀，待自然冷却，罐内压力有所降低后，再在夹套或蛇管中通入冷却水，当培养基温度降至70～80℃时，方可打开搅拌器，否则易损坏搅拌器。另外，在罐内压力低于空气分过滤器压力时，必须通入无菌空气保压，以避免罐压迅速下降产生负压而吸入外界空气发生二次污染或引起发酵罐破坏。在引入无菌空气之前，罐内压力必须低于分过滤器压力，否则培养基将倒流进入分过滤器内。

通常，一个灭菌周期需耗时3～5 h，其中，升温阶段占用整个灭菌时间的20%，保温阶段占75%，降温阶段只占5%，灭菌过程中加热和保温阶段的灭菌作用是主要的，冷却阶段的灭菌作用是次要的，一般很小，可忽略不计，在计算时一般不考虑。另外，发酵罐容积也对灭菌时间长短有影响，容积越大，分批灭菌的升温和降温时间就越长，由此造成培养基成分的破坏越严重，同时，发酵罐的利用率也有所降低。灭菌时应尽量避免过长时间加热，但实际生产中若遇到蒸汽不足、温度不够高的情况时，也可适当延长灭菌时间。

### (二)连续灭菌

连续灭菌是指将配制好的培养基在向发酵罐输送的同时进行加热、保温、降温而进行灭菌的方法，也称为连消。与分批灭菌相比，连续灭菌有以下优点及缺点：连续灭菌具有高温、快速的特点。培养基升温、降温都较快，灭菌时间短，能有效地减少培养基中营养成分的损失；操作条件恒定，灭菌质量稳定；便于管道化和自动化控制；可避免反复加热和冷却，热利用率高；发酵设备利用率高。但是连续灭菌设备投入多、要求高，需另外设置加热、冷却装置；对蒸汽要求高；操作烦琐；染菌机会多。

由以上连续灭菌的优点及缺点可知，连续灭菌适合大规模生产的培养基灭菌，但不适合大量固体物料的灭菌。对于容积小的发酵罐，连续灭菌的优点不明显，分批灭菌则比较方便。

根据采用的连续灭菌的设备和工艺条件，连续灭菌可分为以下几种。

#### 1. 由连消塔、维持罐和喷淋冷却器组成的连续灭菌系统

由连消塔、维持罐和喷淋冷却器组成的连续灭菌系统是最基础的连消设备。其灭菌流程如下。

(1)灭菌培养基在调浆缸内配料后，用连消泵送入加热器或连消塔底部(控制输入速度低于0.1 m/min)，料液被加热至灭菌温度132℃，在塔内停留20～30 s，然后由顶部流出，进入维持罐，保温维持8～25 min。

(2)冷却保温结束后，培养基由维持罐上部侧面流出，罐内最后的培养基由底部排尽，经喷淋冷却器冷却到发酵温度，送去发酵罐。

该流程要注意控制好培养基的流速，要求培养基输入的压力与蒸汽总压力相近，否则流速不稳影响培养基灭菌的质量(图2-1)。

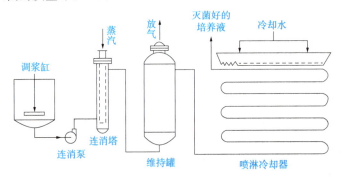

**图2-1　由连消塔、维持罐和喷淋冷却器组成的连续灭菌系统**

### 2. 由喷射加热器、维持管和真空冷却器组成的连续灭菌系统

由喷射加热器、维持管和真空冷却器组成的连续灭菌系统的灭菌流程如下。

(1)该灭菌流程由喷射加热器、维持管、真空冷却器组成。灭菌时，以一定流速将培养基喷射进入喷射加热器，培养基与喷入的高温蒸汽直接接触混合，其温度在短时间内急速上升到预定灭菌温度，之后在维持管中维持一段时间灭菌，保温时间由维持管道的长度来保证。

(2)冷却灭菌后的培养基通过膨胀阀单向进入真空冷却器急速冷却至发酵温度。该流程中培养基总的受热时间短，培养基不会被严重破坏，在喷射加热器和维持管中，培养基能保证先进先出，可以避免过热或灭菌不彻底现象。需要注意的是，该流程中真空冷却系统要求严格密封，否则易导致二次污染(图2-2)。

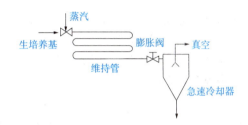

**图 2-2　由喷射加热器、维持管和真空冷却器组成的连续灭菌系统**

### 3. 薄板换热器加热的连续灭菌系统

薄板换热器加热的连续灭菌系统是较为节能的设备。该流程中，培养基在薄板换热器中可同时完成预热、加热和冷却过程。加热段可使预热后的培养基温度升高，经维持管保温一段时间，然后在冷却段进行冷却，同时对生培养基进行预热。

该流程在对灭菌过的培养基冷却的同时可对生培养基进行预热，能节约蒸汽及冷却水用量；与喷射式连续灭菌相比，加热和冷却所需时间稍长，但与分批灭菌相比少得多。需要注意的是，由于薄板换热器结构的限制，该流程只适于含少量固形悬浮物的培养基的灭菌；若固形悬浮物含量较高，则可改用螺旋板式换热器(图2-3)。

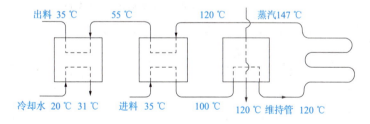

**图 2-3　薄板换热器加热的连续灭菌流程**

针对上述三种连续灭菌的流程，在操作时应注意如下问题：灭菌时所使用的加热器、维持器、冷却器等应先进行清洗和灭菌，然后才能进行培养基灭菌，另外，发酵罐也应在连续灭菌前进行空消。培养基要先进行预热，可使一些不溶物糊化，减少加热时加热器产生的噪声和振动。若培养基中同时含有热敏性物料和非热敏性物料，应在不同温度下分开灭菌(即分消)，以减少物料受热破坏的程度；另外，对于加热易发生反应的物料也需分开灭菌。

## 实践操作

# 任务一　实验室常用平皿培养基的配制

### ▌任务描述

　　牛肉膏蛋白胨培养基、高氏一号培养基和马丁氏培养基是实验室常用的培养基。牛肉膏蛋白胨培养基也称为基本培养基，是一种应用十分广泛的天然培养基，常用来培养细菌。高氏一号培养基是用来培养和观察放线菌形态特征的合成培养基。如果加入适量的抗菌药物，则可用来分离各种放线菌。马丁氏培养基是一种用来培养真菌的选择性培养基，培养基中的孟加拉红和链霉素是细菌与放线菌的抑制剂，对真菌无抑制作用，用马丁氏培养基培养混杂菌体，可从中分离获得真菌。以上三种培养基配方见表2-2～表2-4。

表2-2　牛肉膏蛋白胨培养基配方

| 组分 | 用量 | 称量、配制要求 |
| --- | --- | --- |
| 牛肉膏 | 3.0 g | 用玻璃棒挑取牛肉膏，加热水溶化 |
| 蛋白胨 | 10.0 g | 易吸潮，迅速称取 |
| NaCl | 5.0 g | 直接溶解 |
| 琼脂 | 15～20 g | 直接倒入三角瓶，室温下不溶，培养基灭菌后趁热摇匀 |
| 自来水 | 1 000 mL | 用量筒定容至1 000 mL |
| pH 值 | 7.2～7.4 | 用1 mol/L NaOH和1 mol/L HCl调节 |

表2-3　高氏一号培养基配方

| 组分 | 用量 | 称量、配制要求 |
| --- | --- | --- |
| 可溶性淀粉 | 20.0 g | 先加少量冷水调成糊状，再逐渐加热水并充分搅拌使淀粉完全溶解，注意用水量 |
| $KNO_3$ | 1.0 g | |
| NaCl | 0.5 g | |
| $K_2HPO_4 \cdot 3H_2O$ | 0.5 g | 依次溶解 |
| $MgSO_4 \cdot 7H_2O$ | 0.5 g | |
| 0.01 g/mL $FeSO_4 \cdot 7H_2O$ | 1.0 mL | 将$FeSO_4 \cdot 7H_2O$预先配制成0.01 g/mL溶液，棕色瓶盛放 |
| 琼脂 | 15～20 g | 直接倒入三角瓶，室温下不溶，培养基灭菌后趁热摇匀 |
| 蒸馏水 | 1 000 mL | 用量筒定容至1 000 mL |
| pH 值 | 7.4～7.6 | 用1 mol/L NaOH和1 mol/L HCl调节 |

表2-4　马丁氏培养基配方

| 组分 | 用量 | 称量、配制要求 |
| --- | --- | --- |
| 葡萄糖 | 10.0 g | 依次称量，加水溶解 |
| 蛋白胨 | 5.0 g | |

续表

| 组分 | 用量 | 称量、配制要求 |
|---|---|---|
| $KH_2PO_4$ | 1.0 g | 依次称量，加水溶解 |
| $MgSO_4 \cdot 7H_2O$ | 0.5 g | |
| 0.1%孟加拉红（又称虎红） | 3.3 mL | 预先配制 0.1%孟加拉红水溶液 |
| 蒸馏水 | 1 000 mL | 用量筒定容至 1 000 mL |
| pH 值 | 自然 | 无须调节 |
| 琼脂 | 15～20 g | 直接倒入三角瓶，室温下不溶，培养基灭菌后趁热摇匀，再与无菌的 2%去氧胆酸钠溶液、1%链霉素溶液混合 |
| 2%去氧胆酸钠溶液 | 20.0 mL | 配制 2%去氧胆酸钠溶液，单独灭菌，使用前加入已灭菌的培养基中 |
| 1%链霉素溶液 | 3.3 mL | 配制 1%链霉素溶液，无菌水配制，链霉素受热易分解，待培养基冷却至 45 ℃时加入 |

### 任务实施

(1)配制培养基：按照培养基配方，从牛肉膏蛋白胨培养基、高氏一号培养基和马丁氏培养基中任选一种，配制 200 mL。

(2)封口打包：三角瓶封口，培养皿打包，其他待灭菌物品包扎。

(3)灭菌：高压蒸汽灭菌。

(4)倒平板：按照无菌操作要求，倒平板若干。

(5)无菌检查：将平板恒温培养，观察平板是否长出杂菌。

(6)保存：平板冷藏备用。

### 任务报告

1. 任务目的要求
2. 任务材料准备
3. 任务实施方案
4. 任务结果分析

### 任务反思

任务一　考核单

专业：＿＿＿＿＿＿　姓名：＿＿＿＿＿＿　学号：＿＿＿＿＿＿　成绩：＿＿＿＿＿＿

| 试题名称 | | 实验室常用平皿培养基的配制 | | | 时间：180 min | | |
|---|---|---|---|---|---|---|---|
| 序号 | 考核内容 | 考核要点 | 配分 | 评分标准 | 扣分 | 得分 | 备注 |
| 1 | 操作前的准备 | (1)穿工作服 | 5 | 未穿工作服扣5分 | | | |
| | | (2)试验方案 | 10 | 未写试验方案扣10分 | | | |
| | | (3)检查试验场地 | 5 | 未检查扣5分 | | | |
| 2 | 操作过程 | (1)培养基组分称量 | 10 | 天平使用不规范扣5分，移液管、量筒、烧杯等使用不规范扣1～5分 | | | |
| | | (2)培养基定容 | 5 | 量筒使用不规范扣5分 | | | |
| | | (3)包扎待灭菌物品 | 5 | 包扎操作不规范扣2～5分 | | | |
| | | (4)高压蒸汽灭菌条件设置 | 5 | 条件设置不正确扣5分 | | | |
| | | (5)待灭菌物品在灭菌器中的摆放 | 5 | 物品摆放不合格扣5分 | | | |
| | | (6)灭菌过程 | 5 | 对出现的问题处置不当扣2～5分 | | | |
| | | (7)灭菌结束的处置 | 5 | 处置不当扣2～5分 | | | |
| | | (8)倒平板 | 10 | 无菌操作不规范扣2～5分，培养基外溢扣5分 | | | |
| | | (9)标记平板 | 5 | 标记数据不规范、信息不全扣2～5分(未标记扣5分) | | | |
| | | (10)平板恒温培养 | 5 | 恒温培养条件设置不正确扣3分，平板错误放置扣2分 | | | |
| | | (11)平板无菌检查 | 10 | 平板长出杂菌扣10分 | | | |
| | | (12)平板保存 | 5 | 平板错误放置扣5分 | | | |
| 3 | 文明操作 | 清理仪器用具、试验台面 | 5 | 试验结束后未清理扣5分 | | | |
| 4 | 安全及其他 | (1)不得损坏仪器用具 | / | 损坏一般仪器、用具按每件10分从总分中扣除 | | | |
| | | (2)不得发生事故 | / | 发生事故停止操作 | | | |
| | | (3)在规定时间内完成操作 | / | 每超时5 min从总分中扣5分，超时达15 min即停止操作 | | | |
| | 合计 | | 100 | | | | |

否定项：若考生发生下列情况，则应及时终止其考试，考生该试题成绩记为零分。
①违章操作
②发生事故

## 任务二 马铃薯葡萄糖琼脂(PDA)斜面培养基的配制

### ■任务描述

马铃薯葡萄糖琼脂培养基简称 PDA 培养基，PDA 即 Potato Dextrose Agar，依次对应马铃薯、葡萄糖、琼脂的英文。PDA 培养基属于半合成培养基，既含有天然成分马铃薯，又含有化学试剂葡萄糖。PDA 培养基是一种常用的真菌培养基，适宜培养酵母菌、霉菌、蘑菇等，PDA 斜面培养基可用来保存上述菌种。PDA 培养基配方见表 2-5。

表 2-5 马铃薯葡萄糖琼脂(PDA)培养基配方

| 组分 | 用量 | 称量、配制要求 |
|---|---|---|
| 马铃薯 | 200 g | 马铃薯洗净去皮，切片，称取 200 g，加蒸馏水 1 000 mL，煮沸 20～30 min，直至马铃薯煮烂，能被玻璃棒戳破为止；用两层纱布过滤，制成马铃薯汁 |
| 琼脂 | 15～20 g | 加入马铃薯汁中，加热搅拌，使琼脂完全溶解，其间控制火力防止溶液溢出或烧焦 |
| 葡萄糖 | 20 g | 加入溶液中，搅拌溶解，稍冷却后再补水定容 |
| 蒸馏水 | 1 000 mL | 培养基加水定容至 1 000 mL |
| pH 值 | 自然 | 无须调节 |

### ■任务实施

(1)配制培养基：按照培养基配方，配制 PDA 200 mL。

(2)分装封口：将 PDA 趁热分装于试管，加塞、包扎。

(3)灭菌：高压蒸汽灭菌，注意灭菌温度。

(4)摆斜面：将试管培养基摆斜面，斜面长度约为管长的 1/3。

(5)无菌检查：将斜面培养基恒温培养，观察斜面上是否长出杂菌。

(6)保存：斜面培养基冷藏备用。

### ■任务报告

1. 任务目的要求
2. 任务材料准备
3. 任务实施方案
4. 任务结果分析

### ■任务反思

## 任务二 考核单

专业：＿＿＿＿＿＿ 姓名：＿＿＿＿＿＿ 学号：＿＿＿＿＿＿ 成绩：＿＿＿＿＿＿

| 试题名称 | | 马铃薯葡萄糖琼脂(PDA)斜面培养基的配制 | | | 时间：180 min | | |
|---|---|---|---|---|---|---|---|
| 序号 | 考核内容 | 考核要点 | 配分 | 评分标准 | 扣分 | 得分 | 备注 |
| 1 | 操作前的准备 | (1)穿工作服 | 5 | 未穿工作服扣5分 | | | |
| | | (2)试验方案 | 10 | 未写试验方案扣10分 | | | |
| | | (3)检查试验场地 | 5 | 未检查扣5分 | | | |
| 2 | 操作过程 | (1)培养基各组分称量、溶解 | 10 | 马铃薯汁的制备操作不规范扣1~5分，其他组分配制不规范扣1~5分 | | | |
| | | (2)培养基定容 | 5 | 定容不准确扣5分 | | | |
| | | (3)培养基试管分装 | 5 | 分装操作不规范扣2~5分 | | | |
| | | (4)包扎试管培养基 | 5 | 试管加塞不规范扣3分，整捆包扎不合格扣2分 | | | |
| | | (5)高压蒸汽灭菌条件设置 | 5 | 条件设置不正确扣5分 | | | |
| | | (6)灭菌过程 | 5 | 对出现的问题处置不当扣2~5分 | | | |
| | | (7)灭菌结束的处置 | 5 | 处置不当扣2~5分 | | | |
| | | (8)摆斜面 | 10 | 试管塞沾染培养基扣5分，斜面长度不适当扣2~5分 | | | |
| | | (9)标记斜面试管 | 5 | 标记数据不规范、信息不全扣2~5分(未标记扣5分) | | | |
| | | (10)斜面恒温培养 | 5 | 恒温培养条件设置不正确扣3分，斜面错误放置扣2分 | | | |
| | | (11)斜面无菌检查 | 10 | 斜面长出杂菌扣10分 | | | |
| | | (12)斜面试管保存 | 5 | 斜面错误放置扣5分 | | | |
| 3 | 文明操作 | 清理仪器用具、试验台面 | 5 | 试验结束后未清理扣5分 | | | |
| 4 | 安全及其他 | (1)不得损坏仪器用具 | / | 损坏一般仪器、用具按每件10分从总分中扣除 | | | |
| | | (2)不得发生事故 | / | 发生事故停止操作 | | | |
| | | (3)在规定时间内完成操作 | / | 每超时5 min从总分中扣5分，超时达15 min即停止操作 | | | |
| | 合计 | | 100 | | | | |

否定项：若考生发生下列情况，则应及时终止其考试，考生该试题成绩记为零分。

①违章操作

②发生事故

## 项目小结

1. 培养基可根据组分纯度、物理状态、特殊用途等分为多个类型，既可用于培养微生物，也可用于分离微生物菌种。培养基按组分的纯度可分为合成培养基、天然培养基和半合成培养基；按物理状态可分为液体培养基、固体培养基和半固体培养基；按特殊用途可分为加富培养基、选择培养基和鉴别培养基；按发酵生产用途可分为孢子培养基、种子培养基、发酵培养基。

2. 无论制备哪种类型或用途的培养基，都要遵循培养基的制备原则和要求。通常实验室培养基配制过程可分为八个步骤：配制溶液、调节 pH 值、过滤、分装、封口、灭菌、制作斜面培养基和平板培养基、保存。

3. 发酵工业要想获得优质的产品，就要制备优质的发酵培养基，这就要求：根据生产菌的特点，选择适宜的碳源、氮源、矿物质、水、生长因子等的用量，制备能最大限度发挥出生产菌生产性能的发酵培养基。

4. 发酵培养基的原料处理工艺、灭菌技术要尽可能选择操作便捷、成本低廉的方法。淀粉原料的处理（淀粉的糖化）方法有酸解法、酶解法和酸酶/酶酸结合法；糖蜜原料的处理方法包括澄清、脱钙、除生物素。工业生产中培养基的灭菌方法有分批灭菌法和连续灭菌法，两者各有优点及缺点，分批灭菌适用于中小型发酵罐的培养基灭菌，连续灭菌适用于大规模生产的培养基灭菌。

## 思 考 题

1. 培养基配好后，为什么要立即灭菌？
2. 为什么要检查新制备的平板是否无菌？
3. 配制合成培养基时，是用什么方法加入微量元素的？
4. 什么是选择培养基？它在微生物实验操作中有哪些重要应用？
5. PDA 培养基的灭菌温度是 115 ℃，为什么不是 121 ℃？
6. 淀粉原料在用于发酵生产之前，为什么要进行糖化处理？
7. 在工业生产中对培养基进行灭菌时，选用分批灭菌或连续灭菌的依据是什么？

# 项目三 空气的过滤除菌

## 项目资讯 📄

空气中存在大量的微生物，主要有金黄色小球菌、产气杆菌、蜡样芽孢杆菌、普通变形杆菌、地衣芽孢杆菌、巨大芽孢杆菌、枯草芽孢杆菌等细菌，以及酵母菌和病毒等。据统计，一般城市空气的含菌量为 $10^3 \sim 10^4$ 个/m³。且在不同地区、季节和气候条件下，空气中微生物的数量也不同，一般干燥寒冷的北方较潮湿温暖的南方少；夏季比冬季多；城市比农村、山区多；由于颗粒沉降，在同一地方随着高度的升高，空气中的颗粒和微生物含量急剧下降，地平面空气含微生物量比高空处多，一般来说，高度每升高 2.5 m，空气中的尘埃粒子含量下降一个数量级。

## 项目描述 🖥

好氧发酵是常见的发酵方式之一，其最大的特点是发酵时必须向发酵罐内通入大量的无菌空气，若空气不经净化就使用，会使其中夹带的杂菌在发酵罐中大量繁殖，从而干扰或破坏发酵的正常进行，严重的时候会导致"倒罐"。本项目主要介绍了空气除菌的方法、过滤介质、空气过滤除菌的工艺流程。

## 学习目标 🎯

(1)掌握灭菌操作及空气净化的常见方法。
(2)理解灭菌操作及空气净化的基本原理。
(3)熟悉灭菌操作及空气净化的常见工艺流程。
(4)能够正确地使用常见的灭菌方法。
(5)能够根据生产需求选择培养基、设备及管道灭菌的条件，正确地进行培养基、设备及管道的灭菌。
(6)能够选择合适的空气除菌工艺流程，正确地制备无菌空气。

## 知识链接 🧪

## 知识点一 空气除菌方法

需氧性微生物的生长和产物合成都需要氧气，深层发酵过程中，必须不断将空气通入发酵罐内，以满足生产菌生理代谢对氧的需求。空气(大气)是气态物质的混合体，包括氧气、氮气、

**48**

氢气、二氧化碳、惰性气体和水分等，还含有悬浮于空气中的灰尘及各种微生物。为了保证纯培养，空气在引进发酵罐之前必须进行严格处理，除去其中含有的微生物与其他有害成分并保持一定的压力。随发酵类型的不同，对空气无菌程度的要求也不同，如厚层固体制曲需要的空气量大，要求的压力不高，无菌程度不严格，一般选用离心式通风机并经适当的空调处理（调温、调湿）就可以了。在酵母培养过程中，耗氧量大，无菌程度要求不十分严格，可采用高压离心式鼓风机通风。抗生素等多数品种发酵，耗氧量大，无菌程度要求十分严格，所以空气必须先经过严格的无菌处理后才能通入发酵罐内，以确保生产的正常运转。目前，发酵工业无菌空气的制备方法一般采用介质过滤除菌法。

## 一、发酵用无菌空气的质量标准

无菌空气是指自然界的空气通过除菌处理使其含菌量降低到一个极限百分数的净化空气。在工业生产中，发酵用的无菌空气是将自然界的空气经过压缩、冷却、减湿、过滤等处理获得的，为保证发酵效果，需达到以下质量标准：

(1)含菌量低至零或极低，一般按染菌概率 0.001 计算，即 1 000 次发酵周期所用无菌空气只允许一次染菌。

(2)空气中杂质一般要求控制颗粒大小 $<0.01$ μm、杂质含量 $<0.1$ mg/m³、油相对含量 $<0.003\times10^{-6}$。

(3)要求连续提供一定流量的压缩空气。通常要求通风量 vvm 为 $0.1\sim2.0$ m³/(m³·min)。

(4)无菌空气的压强要达到 $0.2\sim0.4$ MPa(表压)。

(5)空气温度和湿度的要求对不同的发酵工艺也不尽相同。一般要求空气温度为 $35\sim40$ ℃。进入空气主过滤器之前，压缩空气的相对湿度 $\leqslant70\%$，一般要求相对湿度控制在 $50\%\sim60\%$。如有特殊要求可根据计算确定其温度和相对湿度。

## 二、空气除菌的方法

空气除菌是指除去或杀死空气中的微生物，使其达到发酵时对无菌空气要求的过程。

各种不同的培养过程，根据所用菌种生长能力的强弱、生长速度的快慢、培养周期的长短及培养基中 pH 值的不同，对空气灭菌的要求也不同，所以，对空气灭菌应根据具体情况而定。常用的大量无菌空气制备的方法主要有以下几种。

### (一)加热灭菌

加热灭菌是指将空气加热到一定温度并维持一定时间，以杀灭空气中微生物的方法。空气加热可用蒸汽、电能和空气压缩机产生的热量。前两种方法既不经济，又不安全，不适用于工业生产；后一种方法对无菌程度要求不高的发酵过程是可行的。空气在进入培养系统前，一般都需用压缩机压缩以提高压力。压缩机在活塞高速运行和空气被压缩的过程中会产生大量的热量，被压缩出来的空气温度可达 220 ℃左右，保持一定时间便可达到灭菌目的。若提高空气压缩机进口空气的温度，则出口空气温度也会提高(图 3-1)。

### (二)静电除尘

静电除尘是利用静电引力来吸附带电粒子而达到除尘、除菌的目的。悬浮于空气中的微生物，其孢子大多都带有不同电荷，即使不带电荷的微粒，当它随空气进入高压静电场时，也会被电离成带电微粒，并被两极吸附而沉降。当微粒带电很少时，产生的引力等于或小于布朗运动作用力，微粒就不能被吸附，所以静电除尘对很小的微粒吸附效率较低。为了保证除尘效率，应定期清除吸附于电极上的微粒、水滴、油滴等。

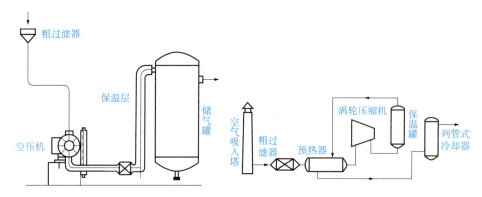

图 3-1　利用空气压缩机所产生的热来进行灭菌

图 3-2 所示为静电除菌原理示意。其特点是能耗低(处理 1 000 m³ 空气耗电 0.4～0.8 kW·h)；空气压力损失少(0.1 MPa 左右)；对 1 μm 尘粒的捕集效率达 99％以上；设备庞大，属高压电技术。

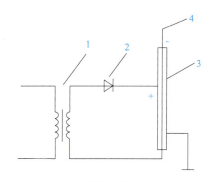

图 3-2　静电除菌原理示意

1—升压变压器；2—整流器；3—钢管(沉淀电极)；4—钢丝(电晕电极)

### (三)辐射灭菌

辐射灭菌主要利用 α 射线、X 射线、β 射线、γ 射线、紫外线、超声波具有破坏蛋白质等生物活性物质的特性，从而起到灭菌的作用，用于空气灭菌时，只要有足够长的时间，就可以达到完全灭菌的目的。但是这种方法在发酵工业大规模应用中缺乏经济性，且尚有不少问题亟待解决，因此，辐射灭菌仅用于一些表面灭菌及有限空间内空气的灭菌，例如，广泛应用于无菌室、接种间、培养室和仓库等处的空气灭菌的紫外线灭菌。但是，这只是减少空气中的微生物，并不能完全除菌。无菌室中空气的无菌概念与提供给发酵罐的无菌空气是不同的。

### (四)介质过滤除菌

介质过滤除菌是指使空气通过定期灭菌的介质过滤层，将空气中的微生物颗粒阻截在介质中以达到除菌的目的。这种方法是目前发酵工业中经济适用、应用最广泛的制备大量无菌空气的方法。下文将详细介绍。

以上空气除菌、灭菌方法中，加热灭菌可以杀灭难以用过滤除去的噬菌体，但蒸汽或电热费用高，无法用于处理大量空气。利用空气压缩热灭菌，由于是干热灭菌，必须维持一定时间的高温，空气温度达到 220 ℃左右，压缩空气应维持一定的压力，压缩空气的压力越高，消耗动力越大，同时保温一定时间，需要较大的维持管或罐，经济上是否合理，还有待探讨。静电除菌，一般只能作为初步除菌，因为除菌效率达不到无菌要求。目前，发酵工业上大多数采用介质过滤除菌法来制备大量的无菌空气。

## 三、介质过滤除菌

介质过滤除菌按除菌的机制不同，可分为绝对介质过滤除菌和深层介质过滤除菌。

### (一)绝对介质过滤除菌

绝对介质过滤除菌是利用孔隙比一般细菌(一般大小为 1 μm)还小的微孔滤膜(孔隙小于 0.5 μm，甚至小于 0.1 μm)作为过滤介质，当空气流过介质层后，由于介质之间的孔隙小于被滤除的微生物，可将空气中的微生物滤除。这种过滤方法易于控制过滤后空气的质量，节约时间和能量，操作简便，近年来备受关注和研究(表 3-1)。

表 3-1　空气中常见杂菌的大小

| 菌种 | 细胞大小/ μm | | 孢子大小/ μm | |
|---|---|---|---|---|
| | 宽 | 长 | 宽 | 长 |
| 金黄色小球菌 | 0.5～1.0 | | | |
| 产气杆菌 | 1.0～1.5 | 1.0～2.5 | | |
| 蜡样芽孢杆菌 | 1.3～2.0 | 8.1～25.8 | | |
| 普通变形杆菌 | 0.5～1.0 | 1.0～3.0 | | |
| 巨大芽孢杆菌 | 0.9～2.1 | 2.0～10.0 | 0.6～1.2 | 0.9～1.7 |
| 霉状分枝杆菌 | 0.6～l.6 | 1.6～13.6 | 0.8～1.2 | 0.8～1.8 |
| 枯草芽孢杆菌 | 0.5～1.1 | 1.6～4.8 | 0.5～1.0 | 0.9～1.8 |
| 酵母菌 | 3～5 | 5～19 | 2.5～3.0 | |
| 病毒 | 0.001 5～0.28 | 0.001 5～0.28 | | |

绝对介质过滤除菌的过滤介质是各种微孔滤膜。常用的有纤维素酯微孔滤膜(孔径小于等于 0.5 μm，厚度为 0.15 mm)、硅酸硼纤维微孔滤膜(孔径为 0.1 μm)、聚四氟乙烯微孔滤膜(孔径为 0.2 μm 或 0.5 μm)等。我国研制出的醋酸纤维素微孔滤膜在热稳定性和化学稳定性上性能优良。

小型发酵罐上为了节约成本用涂覆聚四氟乙烯的玻璃纤维折叠滤筒，大型发酵罐上大多采用聚四氟乙烯(PTEE)、聚偏氟乙烯(PVDF)微孔膜和氟化玻纤膜(FGF)，尤以聚四氟乙烯为多。聚四氟乙烯有天然的疏水性能，强度好，耐污性强，耐高温，耐腐蚀。

现在市场上的除菌过滤膜已制成标准件，装拆更换方便。一般所用膜为复合膜，即在微孔膜的两侧附上纤维无纺布以增加强度和可折叠性，内有坚固的内核，外加保护外壳，膜组件的所有连接都以熔融密封。聚四氟乙烯材料的除菌过滤器，可经受反复蒸汽灭菌，并且由于其疏水性，灭菌后不需要干燥即可用作无菌空气过滤。

目前，许多工厂均采用将滤膜折叠而制成折叠膜滤芯，根据折叠膜滤芯的外形尺寸及选用的支数，可设计过滤能力不同的折叠膜滤芯过滤器。

### (二)深层介质过滤除菌

深层介质过滤的过滤介质空隙和过滤介质纤维的直径都大于被除去的微生物，因此，其除菌的机制不是绝对过滤，而是当空气通过这种介质时，滤层纤维所形成的网格阻碍气流直线前进，使气流无数次改变速度和方向，这些改变引起微粒与滤层纤维产生惯性碰撞、阻截、静电吸附和扩散等作用，从而被截留在介质内，达到过滤除菌的目的。深层介质过滤的设备、操作费用都较低，是目前工业上用来制备大量灭菌空气的常规方法(图3-3)。

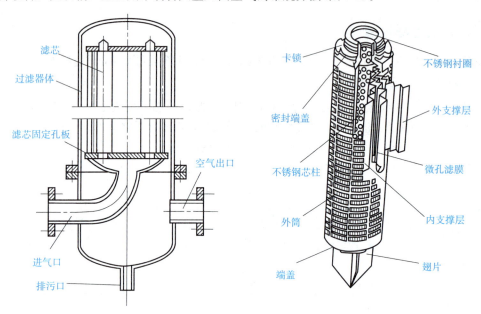

图3-3 深层介质过滤除菌

### 1. 深层介质过滤除菌的机理

(1)惯性碰撞作用。滤器中的滤层交错着无数的纤维，好像形成层层的网格，随着纤维直径的减小，充填密度的增大，所形成的网格就越紧密，网格的层数也就越多，纤维间的间隙就越小。当带有微生物的空气通过滤层时，无论顺纤维方向流动还是垂直于纤维方向流动，仅能从纤维的间隙通过。纤维交错阻迫，使空气要不断改变运动方向和速度才能通过滤层。当微粒随气流以一定速度垂直向纤维方向运动时，空气受阻即改变运动方向，绕过纤维前进。而微粒由于运动惯性较大，未能及时改变运动方向，直冲到纤维的表面，由于摩擦黏附，微粒就滞留在纤维表面上，这称为惯性碰撞作用。惯性捕集是空气过滤器除菌的重要作用，其作用大小取决于颗粒的动能和纤维的阻力及气流的流速。惯性力与气流流速成正比，当流速过低时，惯性捕集作用很小，甚至接近于零；当空气流速增至足够大时，惯性捕集则起主导作用。

(2)阻截作用。当气流速度较低时，微生物不再由于惯性碰撞而被滞留。微生物颗粒直径小、质量轻，它随低速气流运动，慢慢靠近纤维并绕过纤维前进，在纤维周边形成一层边界滞留区。滞留区气速更慢，进到这一区的微粒慢慢靠近并接触纤维而被黏附滞留。

(3)布朗扩散作用。直径很小的微粒在很慢的气流中能产生一种不规则的运动，称为布朗扩散。扩散运动的距离很短，在较大的气流速度和较大的纤维间隙中是不起作用的，但在很慢的气流速度和较小的纤维间隙中，扩散作用大大增加了微粒与纤维的接触机会。

(4)重力沉降作用。微粒虽小，但仍具有质量。当微粒所受的重力超过空气作用于其上的浮力时，微粒就发生沉降现象。就单一重力沉降作用而言，大颗粒比小颗粒作用显著，一般 50 μm 以上的颗粒沉降作用才显著。对于小颗粒只有气流速度很慢时重力沉降作用才起作用。重力沉降作用一般是与阻截作用相配合，即在纤维的边界滞留区内，微粒的沉降作用增强了阻截捕集作用。

(5)静电吸附作用。干燥的空气对非导体的物质作相对运动摩擦时，会产生静电现象。对于普通纤维和树脂处理过的纤维，尤其是一些合成纤维，此现象更为显著。悬浮在空气中的微生物大多带有不同的电荷。有人测定微生物孢子带电情况时发现，约有 75% 的孢子带负电荷，约有 15% 的孢子带正电荷，其余 10% 则为中性，这些带电荷的微粒会被带相反电荷的介质所吸附。此外，表面吸附也属这个范畴，如活性炭的大部分过滤效能应是表面吸附作用。

在介质过滤中哪种机理起主导作用，由微粒性质、介质性质和气流速度等决定，只有静电吸引仅受微粒和介质所带电荷的影响。当气流速度小时，惯性碰撞作用不明显，以沉降和布朗运动为主，此时除菌效率随气流速度增大而降低，当气流速度增大到某值时，除菌效率最低，此气流速度称为临界气流速度。当气流速度继续加大，惯性碰撞取代沉降和布朗运动，除菌效率随气流速度增大而提高。以上现象还与微粒大小有关，只有 1 μm 以上的微粒才是这样，在 0.5 μm 以下的微粒则几乎无惯性碰撞现象。

### 2. 深层过滤除菌的介质

深层介质过滤器主要有两种：一种是以纤维状物（如棉花、玻璃棉、超细玻璃纤维纸、涤纶和维尼纶等）或颗粒状物（如活性炭）为介质所构成的过滤器；另一种是以微孔滤纸、滤板、滤棒构成的过滤器。超细玻璃纤维纸可做成管状或板状，其除菌效率最好，但最易受油水污染。棉花和活性炭过滤器填充层厚，体积大，吸收油水能力强，但更换时劳动强度大。常见的一些深层介质过滤器如图 3-4、图 3-5 所示。

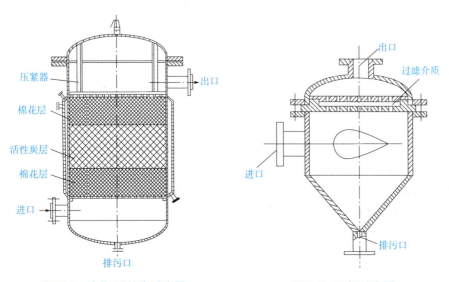

图 3-4　棉花-活性炭过滤器　　　　图 3-5　纸板过滤器

常用过滤介质多种多样，有棉花、玻璃纤维、不锈钢纤维、聚丙烯纤维等。通常要求满足吸附性强、阻力小、空气流量大、能耐干热等条件。下面对工业上常用的几种过滤介质进行介绍。

（1）棉花：这是常用的传统过滤介质，工业规模生产和实验室均采用。常用脱脂棉，有弹性，纤维度适中，2～3 cm，纤维直径为 16～21 μm，实体密度约为 1 520 kg/m³，填充密度为 130～150 kg/m³，填充率为 8.5%～10%。也可将棉花制成直径比过滤器内径稍大的棉垫后，放入过滤器内。

（2）玻璃纤维：常用无碱玻璃纤维，纤维直径小，不易折断，过滤效果好，但空气阻力大，纤维直径为 5～19 μm，实体密度约为 2 600 kg/m³，填充密度为 130～280 kg/m³，填充率为 5%～11%。

（3）活性炭：一般用小圆柱状颗粒活性炭，要求质地坚硬、颗粒均匀、不易压碎。大小为 φ3 mm×（10～15）mm，实体密度为 1 140 kg/m³，填充密度为 470～530 kg/m³，填充率为 44%。

活性炭装填前应将粉末和细粉筛去，其过滤效率比较低。

（4）超细玻璃纤维纸：由无碱的玻璃纤维采用造纸方法制成的，很薄，一般需将3～6张滤纸叠在一起使用，属于深层过滤技术。过滤效率相当高，去除大于0.3 μm颗粒的效率可达99.99%以上，同时阻力和压力较小，但是强度不大，尤其是受潮后强度更差，为改善其强度常用增韧剂或疏水剂处理，或者在制造滤纸时加入7%～50%的木浆。

（5）石棉滤板：采用纤维小而直的蓝石棉20%和8%纸浆纤维混合打浆抄制而成，其湿强度较大、受潮时不易穿孔或折断、能耐受蒸汽反复杀菌、使用时间较长，但过滤效率低，只适宜于空气分过滤器。

（6）烧结材料过滤介质：是将金属、陶瓷、塑料的粉末加压成型后，然后在其熔点温度下黏结固定，在各种材料粉末的表面由于熔融黏结而保持了粒子的空间和间隙，形成了微孔通道，具备微孔过滤的作用，一般孔隙都在10～30 μm。种类很多，有烧结金属（蒙乃尔合金、青铜等）、烧结陶瓷、烧结塑料等。

由于介质的理化性质、填充方法、厚度及空气流速等不同，其过滤效率有较大差异。介质过滤除菌效率会受空气中微粒的大小，过滤介质的种类、纤维直径、介质的填充密度、滤层厚度和通过的气流速度等因素影响。在其他条件相同时，介质纤维直径越小，过滤效率越高。对于相同的介质，过滤效率与介质滤层厚度、介质填充密度和空气流速有关，介质填充厚度越高，过滤效率越高；介质填充密度越大，过滤效率越高。

# 知识点二　空气除菌的工艺流程

无菌空气制备的整个过程包括空气预处理和空气过滤处理两部分。空气先经过预处理，提高压缩前空气的洁净度，降低空气过滤器的负荷，之后对压缩后的空气进行冷却、去油、去水、加热降湿，以合适的湿度和温度进入空气过滤器除菌，进而获得无菌度、温度、压力和流量均符合生产要求的无菌空气。空气过滤处理主要是除去微生物颗粒，满足生物细胞培养需要。

空气除菌流程的制定要根据具体气候、地理环境条件，以及设备条件来综合考虑。下面介绍几种常见的空气除菌流程。

## 一、两级冷却、分离、加热除菌流程

两级冷却、分离、加热除菌流程是比较完善的空气除菌流程。本流程可适应各种气候，能充分分离油、水，提高过滤效率。其特点是两次冷却、两次分离、适当加热。两次冷却、两次分离油水的好处是能提高传热系数，节约冷却用水，油水雾分离得比较完全。空气经第一冷却器冷却至30～35 ℃时，大部分的水、油都已结成较大的雾粒，且雾粒浓度比较大，故适宜用旋风分离器分离；空气经第二冷却器冷却至20～25 ℃后，析出一部分较小雾粒，宜采用丝网分离器分离，这样发挥丝网能够分离较小直径的雾粒和分离效果好的作用。经二次分离的空气带的雾沫就较少，两级冷却可以减少油膜污染对传热的影响。除水后，空气的相对湿度还是100%，可用加热的办法把空气的相对湿度降到50%～60%，达到过滤器的空气湿度要求（图3-6）。

## 二、冷热空气直接混合除菌流程

压缩空气从储罐出来后分成两部分，一部分进入冷却器，冷却至较低温度，经分离器分离水、油后，与另一部分未经处理过的高温压缩空气混合，要求混合空气到达温度30～35 ℃，相对湿度为50%～60%，再进入过滤器过滤。该流程适用于中等湿度地区，其特点是可省去第二次冷却后的分离设备和空气再加热设备，流程较简单，热能利用合理，但操作要求较高。利用压缩空气来加热析水后的空气，可减少冷却水的用量(图3-7)。

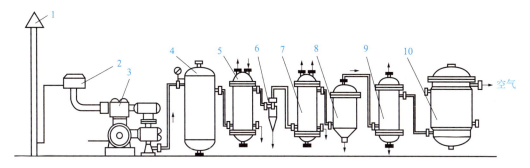

图3-6　两级冷却、分离、加热的除菌流程

1—吸风塔；2—粗过滤器；3—空压机；4—储罐；5、7—冷却器；
6—旋风分离器；8—丝网分离器；9—加热器；10—过滤器

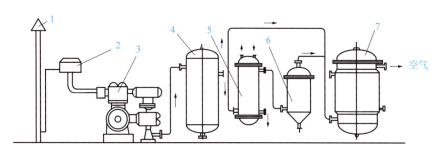

图3-7　冷热空气直接混合除菌流程

1—吸风塔；2—粗过滤器；3—压缩机；4—储罐；5—冷却器；6—丝网分离器；7—过滤器

## 三、高效前置过滤除菌流程

高效前置过滤除菌流程的特点是无菌程度高。它是利用压缩机的抽吸作用，使空气先经中效、高效过滤后，再进入空气压缩机，经高效前置过滤器后，空气的无菌程度已达99%，再经冷却、分离、过滤过滤后，空气的无菌程度就更高，以保证发酵的安全。高效前置过滤器采用泡沫塑料(静电除菌)、超细纤维纸为过滤介质，串联使用。

采用上述各种设备系统制备无菌空气，要严格控制好两点：一是提高空气进入压缩机之前的洁净度；二是除尽压缩空气中夹带的油水。否则会影响无菌空气质量。

提高空气洁净度有两种措施，一种是提高吸气口的高度，空气中微生物数量因地域、气候、空气污染程度而不同，因此吸气口高度要因地制宜，一般以距离地面5～10 m高为好，并在吸气口处装置防止杂物吸入的筛网；另一种是空气进入空气压缩机之前先经过粗效过滤器，以减少进入空气压缩机的大颗粒灰尘，保证空气压缩机的效率。

除尽压缩空气中夹带的油水，是为了保护过滤介质不被污染。空气经压缩后温度升高，往复式压缩机出口空气温度达120 ℃，而涡轮式压缩机的出口空气温度达150 ℃，此温度下空气的相对湿度大大降低，通入过滤介质时不会导致介质受潮而失效，但现在工业上所用的过滤介质难以耐受此高温，因此，压缩后的高温空气一般先经过冷却，析出部分水分，在进入空气过滤器之前，再将其加热以提高相对湿度，保证过滤介质不致受潮失效(图3-8)。

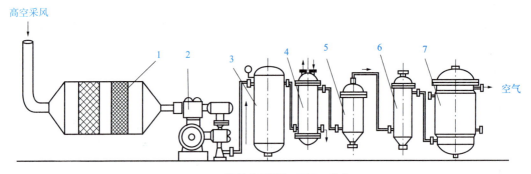

**图 3-8　高效前置空气预处理流程**

1—高效前置过滤器；2—压缩机；3—储罐；4—冷却器；5—丝网分离器；6—加热器；7—过滤器

另外，还需选择合适的空气净化流程和选用除菌效率高的过滤介质。近年发酵生产中使用的无油润滑空气压缩机免除了油对压缩空气的污染，但空气中的水分仍需冷却除掉，否则也会影响除菌效果。

 实践操作

# 任务　无菌空气制备

### ▌任务描述

在发酵工业中，常用过滤除菌的方法进行大量无菌空气的制备。对于实验室小型好氧发酵系统来说，空气过滤系统较为简单，主要由总过滤器和分过滤器组成。无菌空气制备时，事先将总过滤器与分过滤器湿热灭菌备用，空气经总过滤器过滤，分过滤器两级过滤，进入发酵罐。

### ▌任务实施

#### 1. 空气过滤器的消毒

对发酵罐体进行检查，确保各个开关处于关闭状态，然后打开蒸汽总阀门及与其相通的排污阀门，待蒸汽管路冷凝水排出后，将排污阀门调至微开。通过控制蒸汽总阀门，蒸汽压力控制在 0.13～0.14 MPa。缓慢打开与空气过滤器相连的蒸汽阀门，同时微开排污管路，使其有少量蒸汽排出即可。调节与空气过滤器相连的蒸汽阀门，将压力控制在 0.11～0.12 MPa。在此压力下，维持 30～50 min，进行保温灭菌，灭菌时间到后依次关闭排污阀门及与空气过滤器相连的蒸汽阀门。此过程中应注意：用于空气过滤器灭菌的蒸汽首先要经过滤器过滤，才能使用，过滤器灭菌时，应控制好蒸汽压力，防止超压损坏滤芯。

#### 2. 空气过滤器的干燥

先将空压机出气阀关闭，待空压机压力表显示为 5 kg 时，缓慢打开空气出气阀，以及发酵系统中空气总阀门，使发酵设备慢慢升压，调节发酵系统中的空气总阀门使其压力为 2.5 kg。然后打开空气总过滤器的排污阀门，待排出冷凝水后改为微开，打开发酵罐空气管路，将空气流量控制在 0.3 vvm 左右，吹干过滤器，时间为 15～20 min。结束后关闭阀门使空气管道内保持正压。注意：在吹干空气过滤器时，应缓慢打开空气进气阀门，使流量缓慢上升，防止压力过大损坏空气过滤器滤芯。

### 3. 过滤供气

培养基灭菌及发酵过程中所需要的无菌空气可通过已经灭菌的空气过滤除菌系统得到，具体流量可通过流量计按需进行调整、控制。

**■任务报告**

> 1. 任务目的要求
> 2. 任务材料准备
> 3. 任务实施方案
> 4. 任务结果分析

**■任务反思**

<br><br><br><br><br><br>

### 任务　考核单

专业：＿＿＿＿＿＿＿　姓名：＿＿＿＿＿＿＿　学号：＿＿＿＿＿＿＿　成绩：＿＿＿＿＿＿＿

| 试题名称 | | 无菌空气制备 | | | 时间：120 min | | |
|---|---|---|---|---|---|---|---|
| 序号 | 考核内容 | 考核要点 | 配分 | 评分标准 | 扣分 | 得分 | 备注 |
| 1 | 操作前的准备 | (1)穿工作服 | 5 | 未穿工作服扣5分 | | | |
| | | (2)试验方案 | 10 | 未写试验方案扣10分 | | | |
| | | (3)检查样品 | 5 | 未检查样品扣5分 | | | |
| 2 | 操作过程 | (1)检查发酵罐 | 5 | 未检查发酵罐扣5分 | | | |
| | | (2)打开阀门，控制蒸汽压力 | 10 | 阀门操作不规范扣10分 | | | |
| | | (3)保持压力进行保温灭菌 | 10 | 压力控制不当扣10分 | | | |
| | | (4)关闭阀门 | 5 | 阀门操作不规范扣5分 | | | |
| | | (5)吹干过滤器 | 10 | 过滤器未吹干的扣5分 | | | |
| | | (6)过滤空气 | 10 | 操作不当的扣5分 | | | |
| | | (7)灭菌过程 | 10 | 灭菌过程对设备的照看，对出现问题处置不当的扣1～10分 | | | |
| | | (8)灭菌结束的处置 | 10 | 灭菌结束处置不当扣1～10分 | | | |
| | | (9)原始记录 | 5 | 原始数据记录不规范、信息不全扣1～5分 | | | |

| 试题名称 | | 无菌空气制备 | | | 时间：120 min | | |
|---|---|---|---|---|---|---|---|
| 序号 | 考核内容 | 考核要点 | 配分 | 评分标准 | 扣分 | 得分 | 备注 |
| 3 | 文明操作 | 清理仪器用具、试验台面 | 5 | 试验结束后未清理扣 5 分 | | | |
| 4 | 安全及其他 | (1)不得损坏仪器用具 | / | 损坏一般仪器、用具按每件 10 分从总分中扣除 | | | |
| | | (2)不得发生事故 | / | 发生事故停止操作 | | | |
| | | (3)在规定时间内完成操作 | / | 每超时 1 min 从总分中扣 5 分，超时达 3 min 即停止操作 | | | |
| | | 合计 | 100 | | | | |

否定项：若考生发生下列情况，则应及时终止其考试，考生该试题成绩记为零分。
①违章操作
②发生事故

## 项目小结

1. 空气净化的方法有加热灭菌、静电除尘、辐射灭菌、介质过滤除菌四种方法。

2. 发酵工业中空气净化的方法常采用介质过滤除菌法，可分为绝对介质过滤除菌和深层介质过滤除菌。绝对介质过滤除菌是利用孔隙比一般细菌还小的微孔滤膜(孔隙小于 0.5 μm，甚至小于 0.1 μm)作为过滤介质，可将空气中的微生物滤除。这种过滤方法易于控制过滤后空气的质量，节约时间和能量，操作简便，是近年来主要的精滤方法。

3. 深层介质过滤法采用的过滤介质是由棉花、玻璃纤维、尼龙等纤维类或活性炭填充成一定厚度而制成的，其除菌机理是通过布朗扩散作用、阻截作用、惯性碰撞作用、重力沉降作用和静电吸附作用等把微生物颗粒截留、捕集在纤维介质表面上，而达到过滤除菌的目的。

4. 常用的空气除菌流程有两级冷却、分离、加热除菌流程，冷热空气直接混合除菌流程，高效前置过滤除菌流程等。生产中应根据实际情况选择合理的除菌流程。要想提高空气过滤除菌的效率，应从减少进口空气的含菌数，设计和安装合理的空气过滤器，选用除菌效率高的过滤介质，选择合理的空气预处理设备，达到除水、除油、除杂质的目的，降低进入过滤器的空气的相对湿度，保证过滤介质能在干燥状态下工作等方面入手来解决。

## 思 考 题

1. 空气净化主要除去空气中的哪些物质？
2. 空气净化的方法有哪些？
3. 空气净化介质的类型、特点有哪些？
4. 新型的过滤介质有哪些？

# 项目四　发酵工业菌种操作技术

## 项目资讯 📄

### 内蒙古农业大学张和平团队建成了全球最大乳酸菌种质资源库

　　2023 年 10 月，内蒙古农业大学乳品生物技术与工程教育部重点实验室教授张和平团队在《科学通报》(*Science Bulletin*)发表了题为"The iLABdb：a web-based integrated lactic acid bacteria database"的文章，发布了基于 Web 的综合乳酸菌基因组数据库——iLABdb（https：//www.imhpc.com/iLABdb），建成了全球最大的乳酸菌基因组、功能研究数据共享数据库和平台 iLABdb。

　　乳酸菌作为微生物领域重要战略资源，已在食品、工业、医疗、健康、农业和生态保护等多个领域得到了广泛应用。张和平团队历时 30 余载，建成全球最大、种类最全的原创性乳酸菌种质资源库，分离保藏乳酸菌 4.7 万余株，为乳酸菌研究和利用提供了不可或缺的资源。该数据库不仅整合了超过 62 000 个乳酸菌基因组及相关元数据信息，还提供了关于乳酸菌序列分析、可视化和数据共享工具，收录了益生乳酸菌临床干预研究文献。据张和平教授介绍，团队计划扩大数据的覆盖范围，纳入更多的乳酸菌相关基因组和与健康相关的临床研究数据，到 2023 年年底完成 2 万株，2024 年达成 3 万株乳酸菌分离株的基因组测序工作，提前达成"万株乳酸菌基因组计划"既定量级目标。

## 项目描述 👨‍🏫

　　在工业微生物发酵过程中，决定生产力水平高低的因素主要有生产菌种、发酵工艺、提取工艺和生产设备四个方面。在这四个因素中最重要的就是生产菌种，菌种的好坏会直接影响发酵产品的质量、产量及成本。因此，菌种是发酵工业生产成败的关键。本项目旨在学习发酵工业常用的菌种类型和应用，以及分离培养菌种的操作方法。

## 学习目标 🎯

　　(1)了解发酵工业常用菌种的类型及其应用领域。

　　(2)熟悉不同微生物菌种的培养方法及发酵菌种的扩大培养工艺。

　　(3)掌握分离纯化菌种的常规方法。

　　(4)掌握几种常用的菌种保藏方法。

　　(5)认识到微生物种质资源的重要性。

# 知识点一 微生物菌种的接种方法

## 一、认识发酵工业常用菌种

微生物在食品、药品、水产、化工、纺织、石油、国防等工业上用途很广。目前，微生物代谢产物的开发应用越来越多，已大规模工业化生产的就有上百种，仅酶制剂工业就涉及四五十种。微生物工业开发应用具有非常大的潜力。目前工业上常用的微生物菌种见表4-1。

发酵工业菌种的获得一般有三个渠道：直接从菌种保藏机构购买；从自然界或现有菌种中分离筛选；对筛选出的菌种进行改良而获得优良菌种。

表4-1 发酵工业常用菌种及应用

| 微生物种类 | 菌种名称 | 产物 | 应用 |
|---|---|---|---|
| 细菌 | 短杆菌 | 味精，谷氨酸 | 食品、医药 |
| | 枯草芽孢杆菌 | 淀粉酶 | 酒精浓醪发酵、啤酒酿造、葡萄糖制造、糊精制造、糖浆制造、纺织品退浆、铜版纸加工、洗衣业、香料加工(除去淀粉) |
| | | 蛋白酶 | 皮革脱毛柔化、胶卷回收银、丝绸脱胶、酱油速酿、水解蛋白、饲料、明胶制造、洗衣业、梭状杆菌、丙酮、丁醇、工业有机溶剂 |
| | 巨大芽孢杆菌 | 葡萄糖异构酶 | 异构酶、由葡萄糖制造果糖 |
| | 大肠杆菌 | 酰胺酶 | 制造新型青霉素 |
| | 短杆菌 | 肌苷酸 | 医药、食用 |
| | 节杆菌 | 强的松 | 医药 |
| | 蜡样芽孢杆菌 | 青霉素酶 | 青霉素的检定、抵抗青霉素敏感症 |
| 酵母菌 | 酒精酵母 | 酒精 | 工业、医药 |
| | 酵母 | 甘油 | 医药、军工 |
| | 假丝酵母 | 单细胞蛋白 | 制造低凝固点石油及酵母菌体蛋白等 |
| | | 环烷酸 | 工业 |
| | 啤酒酵母 | 细胞色素 | 医药 |
| | | 辅酶甲 | 医药 |
| | | 酵母片 | 医药 |
| | | 凝血质 | 医药 |
| | 类酵母 | 脂肪酶 | 医药、纺织脱蜡、洗衣业 |
| | 阿氏假囊酵母 | 核黄素 | 医药 |
| | 脆壁酵母 | 乳糖酶 | 食品工业 |

续表

| 微生物种类 | 菌种名称 | 产物 | 应用 |
|---|---|---|---|
| 霉菌 | 黑曲霉 | 柠檬酸 | 工业、食用、医药 |
| | | 柚苷酶 | 柑橘罐头脱除苦味 |
| | | 酸性蛋白酶 | 啤酒防浊剂、消化剂、饲料 |
| | | 单宁酶 | 分解单宁、制造没食子酸、酶的精制 |
| | | 糖化酶 | 酒精发酵工业 |
| | 栖土曲霉 | 蛋白酶 | 用途与枯草杆菌蛋白酶同 |
| | 根霉 | 根霉糖化酶 | 葡萄糖制造、酒精厂糖化用 |
| | | 甾体激素 | 医药 |
| | 土曲霉 | 甲叉丁二酸 | 工业 |
| | 赤霉菌 | 赤霉素 | 农业(植物生长刺激素) |
| | 犁头霉 | 甾体激素 | 医药 |
| | 青霉菌 | 青霉素 | 医药 |
| | | 葡萄糖氧化酶 | 蛋白除去葡萄糖、脱氧、食品罐头储存、医药 |
| | 灰黄霉菌 | 灰黄霉素 | 医药 |
| | 木霉菌 | 纤维素酶 | 淀粉和食品加工、饲料 |
| | 黄曲霉菌 | 淀粉酶 | 医药、工业 |
| | 红曲霉 | 红曲霉糖化酶 | 葡萄糖制造、酒精厂糖化用 |
| 放线菌 | 各类放线菌 | 链霉素 | 医药 |
| | | 氯霉素 | 医药 |
| | | 土霉素 | 医药 |
| | | 金霉素 | 医药 |
| | | 红霉素 | 医药 |
| | | 新生霉素 | 医药 |
| | | 卡那霉素 | 医药 |
| | 小单孢菌 | 庆大霉素 | 医药 |

　　菌种是一个国家的重要资源，世界各国都对菌种极为重视，设置了各种专业性的菌种保藏机构(菌种库)。中国工程院院士谢明勇教授及其带领的科研团队经研究发现，我国作为全球果蔬原料生产大国，加工率却不及发达国家的 1/5，每年新鲜果蔬采后损耗率高达 30% 以上。在反复论证后，谢明勇和团队决定将益生菌发酵技术引入果蔬现代加工领域。为找到适合果蔬发酵的专用益生菌种，团队开始了艰难探索，足迹遍布祖国的大江南北。最终，项目组保藏果蔬发酵专用菌种 8 000 多株，建成了我国首个具有自主知识产权的果蔬发酵专用菌种库。

## 二、微生物的接种方法

　　按无菌操作技术要求将目的微生物移接到适于它生长繁殖的人工培养基上或活的生物体内的过程叫作接种。接种工具一般有接种针、接种环、接种钩、玻璃涂布棒、接种圈、接种锄、小解剖刀等。常用的接种方法有以下几种。

视频：微生物的
接种方法

### (一)划线接种

将微生物的纯种或含菌材料用接种环或接种针挑取，然后在固体培养基表面画直线或曲线，达到接种的目的。划线接种是最常用的接种方法，斜面接种和平板划线接种就用此法。

### (二)三点接种

在研究霉菌形态时常用三点接种法，即用接种针蘸取少量霉菌孢子，在平板培养基上点成等边三角形的三点，经培养后，平板表面形成三个独立菌落，其优点是可直接把平板放在低倍镜下观察，便于根据菌落形态特征进行菌种鉴定。除三点外，也可一点或多点接种，确保霉菌能够形成形态完整的单菌落即可。

### (三)穿刺接种

穿刺接种是用接种针把菌种深插至半固体培养基中的接种方法。具体操作是用尖部笔直的接种针蘸取少量菌种，沿半固体培养基中心垂直穿刺，直到培养基底部，然后再轻轻退出接种针，且要保持接种线路的整齐。穿刺接种也称为穿刺培养，主要用于培养厌氧或兼性厌氧微生物，可根据穿刺部位菌落的生长和扩散情况来判断该微生物的运动性能与对氧气的需求状况。在保藏厌氧菌种时也常采用此法。

### (四)浇混接种

浇混接种法是将待接种的菌液先置于无菌培养皿中，然后再倒入冷却至45 ℃左右的固体培养基中，迅速轻轻摇匀，这样菌种不仅完成接种而且也达到了稀释的目的。待平板凝固之后，于适宜的温度下培养，平板中可长出单个菌落。

### (五)涂布接种

与浇混接种法不同，涂布接种是先倒好平板，让其凝固，然后再将菌液接到平板上面，迅速用涂布棒在表面涂布，让菌液均匀分布于整个平板上，经过培养，平板表面可长出单菌落。涂布接种法不仅可以用于计算活菌数，还可以进行菌种分离，并观察菌落特征，也可以用于检测化学因素对微生物的抑杀效应。

### (六)液体接种

液体接种包括两种方法，一是菌种从固体培养基转接到液体培养基；二是菌种从液体培养基转接到另一液体培养基。方法一以斜面培养基菌种接入液体培养基为例，用接种环从斜面上挑取一块菌种，在无菌条件下将接种环深入液体培养基中，多次搅动培养基，以便接种环上的菌体被洗下，取出接种环，液体培养基静置24小时，再振摇培养。此法常用于观察微生物的生长特性和生化反应的测定。方法二是由液体培养基接种到液体培养基，接种工具可用无菌吸管或滴管，吸取含菌培养基，注入新的无菌培养液内，摇匀即可。相较于固体培养基，液体培养基的空间更大，营养也更多，菌体繁殖上限高，因此，液体接种法常用于菌种的扩大培养。

### (七)注射接种

注射接种法是用注射的方法将待接的微生物转接至活的生物体内，如人或其他动物。常见的疫苗接种就是采用注射接种法，将疫苗注入人体，来预防某些疾病。

### (八)活体接种

活体接种是专门用于培养病毒或其他病原微生物的一种方法，因为病毒必须接种于活的生物体内才能生长繁殖。所用的活体可以是整个动物，也可以是某个离体活组织，如猴肾等，也可以是发育的鸡胚。接种方法可用注射或拌料喂养。

## 知识点二　微生物菌种的培养方法

### 一、固体培养和液体培养

根据培养基的物理状态，微生物菌种的培养方法可分为固体培养和液体培养两大类。

#### (一)固体培养法

固体培养是利用固体培养基进行微生物繁殖的方法。固体培养在微生物鉴定、计数、纯化和保藏等方面发挥着重要作用。此外，一些丝状真菌还可以进行生产规模的固体发酵。

#### (二)液体培养法

液体培养是指将微生物直接接种到液体培养基中，并不断振荡或搅拌，使微生物均匀分布在液体培养基中并生长繁殖的培养方法。液体培养适用于好氧微生物和植物组织培养，以迅速得到大量繁殖体为目的。培养时，通过振荡或搅拌培养液，使无菌空气不断通入容器中，微生物与氧气、培养基充分接触而迅速繁殖。液体培养主要有摇瓶培养(也称振荡培养)和发酵罐培养两类。

### 二、好氧培养和厌氧培养

根据培养时是否需要氧气，微生物菌种的培养方法可分为好氧培养和厌氧培养两大类。

#### (一)好氧培养法

好氧培养也称"好气培养"，培养过程中需为微生物提供氧气，否则微生物就不能正常生长，培养的微生物称为好氧微生物。培养基与培养设备不同，供氧方式也不同，例如，斜面培养基通过棉花塞或透气硅胶塞从外界获得无菌空气，三角瓶液体培养多数是通过摇床振荡，使外界的空气源源不断地进入瓶中，而进行深层培养的发酵设备，装有通气管道和搅拌器，通过管道通入无菌空气并经搅拌，使微生物获得所需氧气。

#### (二)厌氧培养法

厌氧培养也称"厌气培养"，培养过程中不需要提供氧气，培养的微生物称为厌氧微生物。培养厌氧微生物最重要的是要除去培养基中的氧气。一般可采用下列几种方法。

(1)降低培养基的氧化还原电位法。可直接将还原剂(如谷胱甘肽、巯基醋酸盐等)加入培养基中，即可降低培养基的氧化还原电位；在培养基中添加动物组织，如新鲜无菌的小片组织或加热杀菌的肌肉、心、脑等，肌肉或脑组织中还原物质如不饱和脂肪酸的氧化能消耗氧气，也可降低培养基的氧化还原电位。

(2)隔绝阻氧法。将琼脂培养基加入普通试管约10 cm高度，用穿刺接种法把菌种接到试管底部，即进行穿刺培养，菌种就较少接触到空气；菌种移接于液体培养基中或斜面培养基上以后，可加一层液体石蜡或矿物油，这样可防止菌种与空气的接触；深层液体培养也可使菌种与空气隔绝或尽量少接触到空气。

(3)替代驱氧法。把微生物菌种装入耐压容器中进行真空培养，真空驱除替代氧气；在菌种培养容器中充满二氧化碳、氢气、氮气、氩气等气体，这些气体可驱除替代氧气，把混入容器的微量氧气除掉。

(4)化合去氧法。使用邻苯三酚(又名焦性没食子酸、没食子酚)、黄磷、金属铬和稀硫酸进行化学除氧；将好氧微生物与厌氧微生物混合培养，通过好氧微生物的生长繁殖消耗氧气，为厌氧微生物提供厌氧环境；在培养基中添加植物组织，如马铃薯、燕麦、发芽谷物等，植物组织通过呼吸作用而消耗掉氧气。

# 知识点三　发酵菌种的扩大培养

发酵菌种扩大培养是指将保存在沙土管、冷冻干燥管中处于休眠状态的发酵菌种接入试管斜面活化后，再经过扁瓶或摇瓶及种子罐逐级扩大培养而获得一定数量和质量菌种的过程，这些纯种培养物称为种子。

目前，工业规模的发酵罐容积已达到几十立方米或几百立方米，如按百分之十左右的种子量计算，就要投入几立方米或几十立方米的种子。因此，要从保藏在试管中的微生物菌种逐级扩大为生产用种子，这是一个由实验室制备到车间生产的过程。种子的生产方法与条件随不同的生产品种和微生物种类而异，如细菌、酵母菌、放线菌或霉菌生长的快慢，产孢子能力的大小，对营养、温度、需氧量等条件的要求不同。因此，种子扩大培养应根据菌种的生理特性，选择合适的培养条件来获得代谢旺盛、数量足够的种子。这种种子接入发酵罐后，将使发酵生产周期缩短，设备利用率提高。此外，种子液质量的优劣也对发酵生产起着关键作用。

## 一、发酵种子的制备

在发酵生产中，发酵种子的制备是在实验室完成的，因此，这个阶段也称为实验室种子制备阶段。种子的制备一般采用两种方式：一是对于产孢能力强的及孢子发芽、生长繁殖快的菌种可以采用固体培养基培养孢子，孢子可直接作为种子罐的种子，这样操作简便，不易污染杂菌；二是对于产孢能力不强或孢子发芽慢的菌种，可以用液体培养法。

### (一)孢子的制备

孢子的制备方法因菌种类型而异，细菌孢子、霉菌孢子、放线菌孢子的制备如下。

(1)细菌孢子的制备。细菌的斜面培养基多采用碳源限量但氮源丰富的配方，培养温度一般为37 ℃。细菌菌体培养时间一般为1～2天，产芽孢的细菌培养则需要5～10天。

(2)霉菌孢子的制备。霉菌孢子的培养一般以大米、小米、玉米、麸皮、麦粒等天然农产品为培养基，培养的温度一般为25～28 ℃，培养时间一般为4～14天。

(3)放线菌孢子的制备。放线菌的孢子培养一般采用斜面培养基，培养基中含有一些适合产生孢子的营养成分，如麸皮、豌豆浸汁、蛋白胨、无机盐等，培养温度一般为28 ℃，培养时间为5～14天。

### (二)液体种子的制备

对于产孢能力不强或孢子发芽慢的菌种，如产链霉素的灰色链霉菌、产卡那霉素的卡那链霉菌可以用摇瓶液体培养法制备种子。其方法是将菌种的孢子接入含液体培养基的摇瓶中，在摇瓶机上恒温振荡培养，获得菌丝体，用菌丝体作为发酵生产的种子。

## 二、发酵种子的扩大培养

发酵种子需要扩大培养后才适用于大规模的发酵生产，实验室制备的孢子或液体种子通过移种至种子罐进行扩大培养，这个种子的扩大培养阶段也称为生产车间种子制备阶段。种子罐的培养基虽因不同菌种而异，但其制备原则一致，即要采用易被菌种利用的营养物质，如葡萄糖、玉米浆、磷酸盐等，如果是需氧菌，同时还应供给足够的无菌空气，并不断搅拌，使菌（丝）体在培养液中均匀分布，从而获得相同的培养条件。

### （一）种子罐的作用

种子罐的作用主要是使孢子发芽，生长繁殖成菌（丝）体，接入发酵罐后能迅速生长，达到一定的菌（丝）体量，以利于产物的合成。

### （二）种子罐级数的确定

种子罐级数是指制备种子需逐级扩大培养的次数，主要取决于两个方面：一是菌种生长特性、孢子发芽及菌体繁殖速度；二是所采用的发酵罐容积。例如，细菌生长快，种子用量比例小，级数也较少，常采用二级发酵，即茄子瓶→种子罐→发酵罐；霉菌生长较慢，如青霉菌，常采用三级发酵，即孢子悬浮液→一级种子罐（27 ℃，40 小时孢子发芽，产生菌丝）→二级种子罐（27 ℃，10～24 小时，菌体迅速繁殖，粗壮菌丝体）→发酵罐；放线菌的生长更慢，因此要采用四级发酵；酵母菌的生长比细菌慢，比霉菌、放线菌快，通常采用一级种子发酵。虽然种子罐的级数随产物的品种及生产规模而定，但也与所选用的工艺条件有关，如改变种子罐的培养条件，加快孢子发芽及菌体繁殖的速度，也可相应减少种子罐的级数。

### （三）种子罐级数的要求

一般来说，种子罐级数越少越好，可简化工艺和控制程序，减少染菌的机会。但是如果种子罐级数太少，也不利于生产，这会导致发酵生产的接种量小，发酵时间延长，降低发酵罐的生产率，增加染菌机会。

### （四）种龄

种龄是指种子罐中培养的菌（丝）体开始移入下一级种子罐或发酵罐时的培养时间。通常以处于生命力极旺盛的对数生长期、菌（丝）体量还未达到最大值时的培养时间作为种龄较为合适。时间太长，菌种趋于老化，生产能力下降，菌体自溶；时间太短，造成发酵前期生长缓慢。不同菌种或同一菌种工艺条件不同，种龄是不同的，一般需经过多项试验来确定。

### （五）接种量

接种量是指移入的种子液体积和接种后培养液体积的比例。接种量的大小取决于生产菌种在发酵罐中生长繁殖的速度，采用较大的接种量可以缩短发酵罐中菌（丝）体繁殖达到高峰的时间，使产物的形成提前到来，并可减少杂菌的生长机会。接种量过大或过小，均会影响发酵：接种量过大会引起溶氧不足，影响产物合成，而且会过多移入代谢废物，成本上也不经济；接种量过小会延长培养时间，降低发酵罐的生产率。

## 知识点四　发酵菌种的分离纯化

发酵菌种可以从菌种保藏机构购买，也可从自然界或现有菌种中分离筛选。从自然界分离发酵菌种一般包括采样、富集培养、纯种分离和筛选四个步骤。

### 一、采样

首先确定采样地点，要根据分离菌种的目的、微生物的分布状况、菌种的主要特征，以及菌种与外界环境的关系等，进行综合、具体的分析后决定地点。如酵母类或霉菌类菌种，由于它们对碳水化合物的需要量比较多，一般又喜欢偏酸性环境，因此酵母类、霉菌类菌种在植物花朵、瓜果种子或腐殖质含量高的土壤等上面比较多。

如果事先不了解某种生产菌的具体来源，可以试着从土壤中分离。从土壤中分离目标菌种，在选好地点后，用小铲去除表土，取距离地面5～15 cm处的土壤几十克，盛入预先消毒好的牛皮纸袋或塑料袋中，扎好，记录采样时间、地点、环境情况等，以备考查。通常情况下，土壤中芽孢杆菌、放线菌和霉菌的孢子忍耐不良环境的能力较强，不太容易死亡。但是，采样后的环境条件与天然条件有着不同程度的差异，因此应尽快分离目标菌种。

### 二、富集培养

收集到的样品，如所含目标菌种的数量较多，可直接进行分离。如果样品中的目标菌种很少，就要设法增加该菌种的数量，进行富集(增殖)培养。

所谓富集培养，就是给混合菌群提供一些有利于目标菌种生长或不利于非目标菌种生长的条件，促使目标菌种大量繁殖，从而有利于目标菌种从混合菌群中分离出来。例如，分离纤维素酶产生菌时，以纤维素作为唯一碳源进行富集培养，使不能分解纤维素的微生物难以生长，纤维素酶产生菌可以优势生长；分离脂肪酶产生菌时，以植物油作为唯一碳源进行富集培养，能更快更准确地将脂肪酶产生菌分离出来。除碳源外，微生物对氮源、维生素、金属离子等的要求也是不同的，适当地控制这些营养条件能够提高分离效率。

此外，控制富集培养基的pH值，也有利于排除不需要的、对酸或碱敏感的微生物；添加一些专一性的抑制剂，也可显著提高分离效率，例如，在分离放线菌时，可预先在土壤样品悬液中添加10％酚液数滴，以抑制霉菌和细菌的生长；适当控制富集培养的温度，也是一条提高分离效率的途径。

### 三、纯种分离

通过富集培养并不能得到发酵生产菌的纯种，因为生产菌在自然条件下通常是与各种微生物混杂在一起的，所以必须进行分离纯化，才能获得纯种。

纯种分离方法通常选用单菌落分离法，即把菌种制备成单孢子或单细胞悬浮液，经过适当稀释后，在琼脂平板上进行划线分离。采用单菌落分离法有时会夹杂一些由两个或多个孢子所生长的菌落，另外，不同孢子的芽管发生吻合，也可形成异核菌落。要克服这些缺点，就要特别重视单孢子悬浮液的制备方法。

在纯种分离时，培养条件对分离结果影响也很大，可通过控制营养成分、调节培养基pH值、添加抑制剂、改变培养温度和通气条件及热处理等方法来提高分离效率。平板划线分离后挑选单个菌落进行生产能力测定，从中筛选出优良的菌株。

### 四、筛选

纯种分离后得到的菌株数量非常大，如果对每一菌株都做全面或精确的性能测定，工作量巨大，而且是不必要的。一般采用两步法，即初筛和复筛。经过多次重复筛选，直到获得1～3株较好的菌株，供发酵条件的摸索和生产试验，进而成为育种的出发菌株。这种直接从自然界分离得到的菌株称为野生型菌株，以区别于用人工育种方法得到的变异菌株(也称突变株)。

## 知识点五　菌种保藏方法

菌种对于发酵工业至关重要，同时，也是从事其他微生物学工作，以及生命科学研究的基本材料。菌种保藏是进行微生物学研究和微生物育种工作的重要组成部分，其任务首先是延长菌种的生命，同时，还要尽可能设法把菌种的优良特性保持下来而不发生退化、变异、污染。

无论采用何种保藏方法，首先应该挑选典型菌种的优良纯种来进行保藏，最好保藏它们的休眠体，如分生孢子、芽孢等。一种好的保藏方法应能长期保持菌种原有的优良性状不变，同时，还需考虑到方法本身的简便性和经济性，以便工业生产上能推广使用。

微生物具有容易变异的特性，因此，菌种保藏主要是根据菌种的生理生化特点人工创造条件使孢子或菌体的生长代谢活动尽量降低，以减少其变异。一般可通过保持培养基营养成分在最低水平缺氧状态、干燥和低温，使菌种处于"休眠"状态，抑制其繁殖能力。此外，避光、缺乏营养、添加保护剂也能有效提高保藏效果。

水分对生化反应和一切生命活动都必不可少，因此，干燥尤其是深度干燥，在菌种保藏中占有首要地位。五氧化二磷（$P_2O_5$）、无水氯化钙（$CaCl_2$）和硅胶是良好的干燥剂，而高真空则可以同时实现驱氧和深度干燥的双重目的。

低温是菌种保藏中的另一重要条件。微生物生长的温度下限约在 $-30$ ℃，可是在水溶液中能进行酶促反应的温度下限则在 $-140$ ℃左右。这可能就是即使把菌种保藏在较低的温度下，但只要有水分存在，还是难以较长时间保藏菌种的一个主要原因。因此，低温必须与干燥结合，才能保证良好的保藏效果。

菌种保藏方法虽多，但都是根据低温、干燥和隔绝空气这三个因素而设计的。保藏方法大致可分为以下五种。

（1）传代培养保藏法。传代培养保藏法又称为斜面培养、穿刺培养、庖肉培养基培养（用作保藏厌氧细菌）等，培养后于 4～6 ℃冰箱内保存。

此法为实验室和工厂菌种室常用的保藏法。其优点是操作简单，使用方便，无须特殊设备，能随时检查所保藏的菌株是否死亡、变异或污染杂菌等；缺点是菌株容易变异，因培养基的物理、化学特性不是严格恒定的，屡次传代会使菌种的代谢改变，而影响菌种的性状，此外，污染杂菌的机会也较多。

（2）液体石蜡覆盖保藏法。液体石蜡覆盖保藏法是传代培养的变相方法，能够适当延长保藏时间，它是在斜面培养物和穿刺培养物上面覆盖灭菌的液体石蜡，一方面可防止因培养基水分蒸发而引起菌种死亡；另一方面可阻止氧气进入，从而减弱代谢作用。

此法的优点是制作简单，无须特殊设备，也无须经常移种；缺点是保存时必须直立放置，所占位置较大，同时也不便携带。从液体石蜡下面取培养物移种后，接种环在火焰上烧灼时，培养物容易与残留的液体石蜡一起飞溅，操作时应特别注意，以防烫伤。

（3）冷冻保藏法。冷冻保藏法可分为低温冰箱（$-30$～$-20$ ℃，$-80$～$-50$ ℃）、干冰酒精快速冻结（约$-70$ ℃）和液氮冻结（$-196$ ℃）等保藏法。

此法是菌种保藏方法中最有效的方法之一，对一般生命力强的菌种及其孢子和无芽孢菌都适用，即使对一些很难保存的致病菌，如脑膜炎球菌与淋病球菌等也适用。冷冻保藏法可长期保存菌种，一般可保存数年至十数年，但设备和操作都比较复杂。

（4）载体保藏法。载体保藏法是将菌种吸附在适当的载体上，如土壤、沙子、硅胶、滤纸等，而后进行干燥的保藏法，例如，沙土保藏法和滤纸保藏法应用相当广泛。沙土保藏法多用于能产生孢子的微生物如霉菌、放线菌，因此，在抗生素工业生产中应用最广，效果也较好，孢子可保存 2 年左右，但应用于保藏营养细胞时效果不佳。

细菌、酵母菌、丝状真菌均可用此法保藏，细菌、酵母菌可保藏 2 年左右，有些丝状真菌甚至可保藏 14～17 年之久。此法较液氮、冷冻干燥法简便，不需要特殊设备。

（5）寄主保藏法。寄主保藏法用于目前尚不能在人工培养基上生长的微生物，如病毒、立克次氏体、螺旋体等，它们必须在活体动物、昆虫、鸡胚内感染并传代，此法相当于一般微生物的传代培养保藏法。病毒等微生物也可用其他方法（如液氮保藏法与冷冻干燥保藏法）进行保藏。

**实践操作**

# 任务一　微生物接种方法训练

**■任务描述**

接种是微生物技术中最基本的操作之一，实验室常用的微生物接种方法如斜面接种法、平板划线法、涂布接种法、穿刺接种法、浇混接种法、液体培养基接种法等，应熟练掌握。以上接种方法的操作和应用各有不同，也各具优点、缺点，可根据试验需要进行选择。

**■任务实施**

（1）制备牛肉膏蛋白胨固体平板培养基、斜面培养基、试管半固体培养基、液体培养基。

（2）用实验室保藏的大肠杆菌进行斜面接种法、平板划线法、涂布接种法、穿刺接种法、浇混接种法、液体培养基接种法，可做若干重复，提升操作熟练度。

（3）将接种完成的培养基放入恒温培养箱或恒温振荡培养箱内，经培养得到大肠杆菌菌落或菌液。

（4）检查菌落生长情况和菌液状态。

**■任务报告**

1. 任务目的要求
2. 任务材料准备
3. 任务实施方案
4. 任务结果分析

**■任务反思**

## 任务一　考核单

专业：＿＿＿＿＿　姓名：＿＿＿＿＿　学号：＿＿＿＿＿　成绩：＿＿＿＿＿

| 试题名称 | | 微生物接种方法训练 | | | | 时间：60 min | | |
|---|---|---|---|---|---|---|---|---|
| 序号 | 考核内容 | 考核要点 | 配分 | 评分标准 | | 扣分 | 得分 | 备注 |
| 1 | 操作前的准备 | (1)穿工作服 | 5 | 未穿工作服扣5分 | | | | |
| | | (2)试验方案 | 10 | 未写试验方案扣10分 | | | | |
| | | (3)检查试验场地 | 5 | 未检查扣5分 | | | | |
| 2 | 操作过程 | (1)配制固体、半固体、液体培养基 | 5 | 各组分称量不规范扣1～3分，琼脂添加量错误扣2分 | | | | |
| | | (2)分装培养基 | 5 | 固体、半固体培养基加热分装操作不规范扣3分，液体培养基分装不规范扣2分 | | | | |
| | | (3)包扎待灭菌物品 | 5 | 包扎不合格扣1～5分 | | | | |
| | | (4)高压蒸汽灭菌 | 5 | 操作不当一处扣1分 | | | | |
| | | (5)倒平板 | 5 | 操作不规范扣2～5分 | | | | |
| | | (6)摆斜面 | 5 | 操作不规范扣2～5分 | | | | |
| | | (7)斜面划线接种 | 5 | 接种环划破培养基扣2分，划线有重叠扣3分 | | | | |
| | | (8)平板划线接种 | 5 | 接种环划破培养基扣2分，划线有重叠(可交叉)扣3分 | | | | |
| | | (9)涂布接种 | 5 | 涂布器戳破培养基扣2分，涂布不均匀扣3分 | | | | |
| | | (10)穿刺接种 | 5 | 接种针穿刺线路不整齐扣3分，菌种未接到培养基底部扣2分 | | | | |
| | | (11)浇混接种 | 5 | 灭菌后的培养基未冷却至45 ℃扣3分，培养基摇匀过程中外溢扣2分 | | | | |
| | | (12)液体培养基接种(从斜面到液体) | 5 | 接种环取菌操作不规范扣2分，接种过程失误1～3分 | | | | |
| | | (13)标记接种培养基 | 5 | 标记数据不规范、信息不全扣2～5分(未标记扣5分) | | | | |
| | | (14)恒温培养 | 5 | 恒温培养箱设置不正确扣2分，恒温振荡培养箱设置不正确扣3分 | | | | |
| | | (15)检查菌落、菌液 | 5 | 有杂菌污染扣2分，无菌种生长扣3分 | | | | |
| 3 | 文明操作 | 清理仪器用具、试验台面 | 5 | 试验结束后未清理扣5分 | | | | |
| 4 | 安全及其他 | (1)不得损坏仪器用具 | / | 损坏一般仪器、用具按每件10分从总分中扣除 | | | | |
| | | (2)不得发生事故 | / | 发生事故停止操作 | | | | |
| | | (3)在规定时间内完成操作 | / | 每超时3 min从总分中扣5分，超时达9 min即停止操作 | | | | |
| | 合计 | | 100 | | | | | |

否定项：若考生发生下列情况，则应及时终止其考试，考生该试题成绩记为零分。

①违章操作

②发生事故

## 任务二　黑曲霉孢子悬浮液的制备

■**任务描述**

孢子制备是发酵工业生产中不可缺少的一个环节，孢子质量的好坏将直接影响到发酵生产的成功与否。孢子制备一般采用琼脂斜面培养基或一般固体培养基，经接种后在适宜的条件下进行培养而得，制备的孢子在外观上应生长丰满、色泽正常、无杂菌污染。斜面上的孢子一般会制备成孢子悬浮液，便于后期应用。

■**任务实施**

(1)菌种的制备：购买黑曲霉菌种，按照说明书的操作方法，将菌种配制成菌液。

(2)PDA 斜面的制备：按照马铃薯葡萄糖琼脂(PDA)培养基的配方配制培养基，分装，灭菌，制备试管斜面。

(3)PDA 斜面接种：取黑曲霉菌液，采用无菌操作技术接种于 PDA 斜面。

(4)斜面孢子的培养：32 ℃恒温培养，培养时间为 6~7 d，直至黑曲霉菌种长成菌苔并产生大量孢子，即得斜面孢子。

(5)孢子悬浮液的制备：取斜面孢子一支，加入 5 mL 无菌水，轻轻将琼脂表面的孢子刮下，将该孢子悬浮液置于已灭菌的 50 mL 三角瓶内，瓶中预先放置数粒无菌玻璃球，充分振摇后用灭菌的脱脂棉进行过滤，并用无菌水冲洗滤渣 2~3 次，最终使滤液体积达到 10 mL，制得孢子悬浮液。

(6)孢子悬浮液的保存：4 ℃冰箱保存，保存时间不超过 1~2 个月。

■**任务报告**

1. 任务目的要求
2. 任务材料准备
3. 任务实施方案
4. 任务结果分析

■**任务反思**

## 任务二 考核单

专业：_____ 姓名：_____ 学号：_____ 成绩：_____

| 试题名称 | | 黑曲霉孢子悬浮液的制备 | | | 时间：不限时 | | |
|---|---|---|---|---|---|---|---|
| 序号 | 考核内容 | 考核要点 | 配分 | 评分标准 | 扣分 | 得分 | 备注 |
| 1 | 操作前的准备 | (1)穿工作服 | 5 | 未穿工作服扣5分 | | | |
| | | (2)试验方案 | 10 | 未写试验方案扣10分 | | | |
| | | (3)检查试验场地 | 5 | 未检查扣5分 | | | |
| 2 | 操作过程 | (1)制备黑曲霉菌液 | 5 | 未按说明书操作扣5分 | | | |
| | | (2)PDA配制、分装 | 10 | PDA配制不规范扣5分，试管分装不规范扣5分 | | | |
| | | (3)包扎待灭菌物品 | 5 | 包扎不合格扣1～5分 | | | |
| | | (4)高压蒸汽灭菌 | 5 | 操作不当一处扣1分 | | | |
| | | (5)摆PDA斜面 | 5 | 斜面长度过长或过短扣5分 | | | |
| | | (6)斜面接种黑曲霉 | 5 | 无菌操作不规范扣3分，接种环划破培养基扣2分 | | | |
| | | (7)培养斜面孢子6～7 d | 10 | 培养过程看管不当扣2～5分；数据记录不全扣2～5分 | | | |
| | | (8)刮取斜面孢子 | 10 | 无菌操作不规范扣2～5分，刮取孢子操作不当扣2～5分 | | | |
| | | (9)孢子悬浮液过滤前处理 | 5 | 孢子悬浮液未经无菌玻璃珠分散处理扣5分 | | | |
| | | (10)孢子悬浮液过滤 | 10 | 孢子悬浮液过滤操作不规范扣5分，未清洗滤渣扣5分 | | | |
| | | (11)孢子悬浮液的保存 | 5 | 未保存于4 ℃冰箱扣5分 | | | |
| 3 | 文明操作 | 清理仪器用具、试验台面 | 5 | 试验结束后未清理扣5分 | | | |
| 4 | 安全及其他 | (1)不得损坏仪器用具 | / | 损坏一般仪器、用具按每件10分从总分中扣除 | | | |
| | | (2)不得发生事故 | / | 发生事故停止操作 | | | |
| | 合计 | | 100 | | | | |

否定项：若考生发生下列情况，则应及时终止其考试，考生该试题成绩记为零分。
①违章操作
②发生事故

## 任务三 麸曲孢子的制备

### ▌任务描述

黑曲霉是柠檬酸的主要生产菌种，世界上99%以上的柠檬酸都是通过黑曲霉发酵生产的。利用黑曲霉孢子进行工业化生产，通常是把黑曲霉孢子制备成麸曲孢子，即种曲，以获得大量孢子，再投入生产中。

**■任务实施**

(1)试验菌种：黑曲霉孢子悬浮液。

(2)麸皮预处理：购买市售麸皮，麸皮要求无霉变，过筛(50目筛)，去除细粉。

(3)麸曲培养基的制备：称取 8 g 麸皮，加入 250 mL 三角瓶中，加水约 8 mL 搅拌均匀，透气封口膜封口，于 121 ℃灭菌 30 min，趁热摇散，冷却备用。

(4)麸曲培养基接种：在无菌操作条件下，吸取孢子悬浮液 2 mL 接入麸曲种子培养基中，并在掌心轻轻拍打三角瓶，使孢子与培养基充分混合。

(5)麸曲孢子的培养：麸曲于 32 ℃下恒温培养 1 d 后，拍匀，再于 35 ℃下培养，每隔 12～24 h 摇瓶一次，孢子长出后停止摇瓶，继续培养 3～4 d，即得麸曲孢子，即种曲，总培养时间大概 8～10 d。

(6)麸曲孢子的保存：4 ℃冰箱保存，保存时间不超过 1～2 个月。

**■任务报告**

1. 任务目的要求
2. 任务材料准备
3. 任务实施方案
4. 任务结果分析

**■任务反思**

### 任务三 考核单

专业：_____ 姓名：_____ 学号：_____ 成绩：_____

| 试题名称 | | 麸曲孢子的制备 | | | 时间：不限时 | | |
|---|---|---|---|---|---|---|---|
| 序号 | 考核内容 | 考核要点 | 配分 | 评分标准 | 扣分 | 得分 | 备注 |
| 1 | 操作前的准备 | (1)穿工作服 | 5 | 未穿工作服扣5分 | | | |
| | | (2)试验方案 | 10 | 未写试验方案扣10分 | | | |
| | | (3)检查试验场地 | 5 | 未检查扣5分 | | | |
| 2 | 操作过程 | (1)麸皮预处理 | 5 | 麸皮预处理不规范扣5分 | | | |
| | | (2)配制麸曲培养基 | 10 | 麸皮与水混合不匀扣5分，过湿扣5分 | | | |
| | | (3)包扎待灭菌物品 | 10 | 包扎不合格扣2~10分 | | | |
| | | (4)高压蒸汽灭菌 | 10 | 操作不当一处扣2分 | | | |
| | | (5)麸曲培养基灭菌后处理 | 5 | 未趁热摇散麸曲培养基扣5分 | | | |
| | | (6)麸曲培养基接种 | 10 | 无菌操作不规范扣5分，接种后孢子与培养基未混匀扣5分 | | | |
| | | (7)培养麸曲孢子8~10 d | 20 | 培养过程中每天摇瓶一次，错过一次扣2分，共14分；数据记录不全扣2~6分 | | | |
| | | (8)麸曲孢子的保存 | 5 | 未保存于4℃冰箱扣5分 | | | |
| 3 | 文明操作 | 清理仪器用具、试验台面 | 5 | 试验结束后未清理扣5分 | | | |
| 4 | 其他 | (1)不得损坏仪器用具 | / | 损坏一般仪器、用具按每件10分从总分中扣除 | | | |
| | | (2)不得发生事故 | / | 发生事故停止操作 | | | |
| | | 合计 | 100 | | | | |

否定项：若考生发生下列情况，则应及时终止其考试，考生该试题成绩记为零分。
①违章操作
②发生事故

## 任务四 从土壤中分离细菌、放线菌、真菌菌种

### ▌任务描述

土壤是微生物生活的大本营，主要类群是细菌、放线菌和真菌，其中细菌最多，其次是放线菌，真菌相对较少。这些微生物经过进一步的分离筛选，可获得生产所需要的发酵菌种。因此，从土壤中分离微生物是从自然界中分离发酵菌种的基础操作。土壤微生物的特点是种类多、数量大，利用选择培养基可较便捷地从土壤中分离出目标微生物。

利用选择培养基分离目标微生物，其原理是选择培养基仅适合于目标菌株的生长繁殖，选择培养基培养混杂菌体，能够改变群体中各类微生物的比例，即目标菌株变为优势菌株，非目标菌株变为劣势菌株，从而达到分离微生物的目的。

采用涂布接种法将不同浓度的土壤稀释液涂布到选择培养基上，让稀释液中的微生物在平板表面均匀分布，得到进一步稀释，这种方法也称为固体表面稀释法。

■ **任务实施**

(1)按照培养基配方，配制选择培养基，制备成平板。配制牛肉膏蛋白胨培养基、高氏一号培养基、马丁氏培养基三种平皿培养基，三种培养基分别用于分离土壤中的细菌、放线菌和真菌菌种。

(2)制备土壤稀释液。

1)制备土壤悬液。取土壤样品 1.0 g，加入事先装有 99 mL 无菌水的三角瓶中(玻璃珠用量以充满瓶底为宜)，搅拌、振摇 10～20 min，使土样与水充分混合，制备成 $10^{-2}$ 土壤悬液。

2)制备 10 倍梯度土壤稀释液。用无菌移液管吸取 $10^{-2}$ 土壤悬液 1 mL，注入已装有 9 mL 无菌水的试管中，由此得到 $10^{-3}$ 土壤稀释液，同样的操作方法，依次进行 10 倍梯度稀释，制备获得 $10^{-4}$、$10^{-5}$、$10^{-6}$ 等土壤稀释液，土壤的最高稀释度一般为 $10^{-8}$，也可以根据不同土样的微生物丰度情况，增减稀释度。具体操作过程如图 4-1 所示。

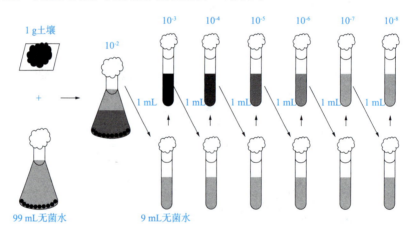

**图 4-1　10 倍梯度稀释法制备土壤稀释液**

注意：制备每个稀释度的土壤稀释液都要更换一支移液管，每次要将移液管插在液面下吹吸 3 次，每次吸入的液面要高于前一次，以减少稀释中的误差。

(3)平板涂布法分离土壤中的微生物。

1)分离细菌。分别取 $10^{-5}$、$10^{-6}$ 土壤稀释液，滴两滴于牛肉膏蛋白胨培养基平板上，用无菌玻璃涂布棒涂布均匀，静置 5 分钟，使菌液吸附于培养基而不至流动。每个稀释度的土壤稀释液接种三个平板。

2)分离放线菌。选用 $10^{-3}$ 和 $10^{-4}$ 土壤稀释液及高氏一号培养基平板，重复上述操作。

3)分离真菌(包括霉菌和酵母菌，以霉菌居多)。选用 $10^{-2}$ 和 $10^{-3}$ 土壤稀释液及马丁氏培养基平板，重复上述操作。

(4)培养菌种。将接种好的平板倒置，于 28～30 ℃恒温培养。细菌培养 1～2 天，放线菌培养 5～7 天，真菌培养 3～5 天。平板长出菌落后，观察菌落特征并做记录。获得的菌种(一般选取细菌、酵母菌)可用平板划线法进一步分离纯化。

(5)平板菌种保存：4 ℃冰箱冷藏，备用。

▌任务报告

1. 任务目的要求
2. 任务材料准备
3. 任务实施方案
4. 任务结果分析

▌任务反思

### 任务四 考核单

专业：_____ 姓名：_____ 学号：_____ 成绩：_____

| 试题名称 | | 从土壤中分离细菌、放线菌、真菌菌种 | | | 时间：240 min | | | |
|---|---|---|---|---|---|---|---|---|
| 序号 | 考核内容 | 考核要点 | 配分 | 评分标准 | 扣分 | 得分 | 备注 |
| 1 | 操作前的准备 | (1)穿工作服 | 5 | 未穿工作服扣5分 | | | |
| | | (2)试验方案 | 10 | 未写试验方案扣10分 | | | |
| | | (3)检查试验场地 | 5 | 未检查扣5分 | | | |
| 2 | 操作过程 | (1)配制选择培养基 | 10 | 培养基各组分称量、溶解、定容过程中失误一处扣2分，最多扣10分 | | | |
| | | (2)包扎待灭菌物品 | 5 | 包扎不合格扣2~5分 | | | |
| | | (3)高压蒸汽灭菌 | 5 | 操作不当一处扣2分 | | | |
| | | (4)制备土壤悬液 | 5 | 未准确称量样品扣2分，未将土样充分打散扣3分 | | | |
| | | (5)制备10倍梯度土壤稀释液 | 5 | 稀释顺序错误扣5分，移液管使用不规范扣2~5分 | | | |
| | | (6)倒平板 | 5 | 倒平板操作不规范扣3分，平板标注数据不全扣2分 | | | |
| | | (7)涂布分离细菌 | 10 | 接种的土壤稀释液浓度有误扣2~5分，平板涂布不均匀扣2~5分 | | | |
| | | (8)涂布分离放线菌 | 10 | 接种的土壤稀释液浓度有误扣2~5分，平板涂布不均匀扣2~5分 | | | |
| | | (9)涂布分离真菌 | 10 | 接种的土壤稀释液浓度有误扣2~5分，平板涂布不均匀扣2~5分 | | | |
| | | (10)培养菌种 | 5 | 恒温培养箱培养条件设置有误扣3分，平板错误放置扣2分 | | | |
| | | (11)终止培养菌种 | 5 | 未及时从培养箱中取出菌种扣3分，未保存于4℃冰箱扣2分 | | | |

续表

| 试题名称 | | | 从土壤中分离细菌、放线菌、真菌菌种 | | 时间：240 min | | |
|---|---|---|---|---|---|---|---|
| 序号 | 考核内容 | 考核要点 | 配分 | 评分标准 | 扣分 | 得分 | 备注 |
| 3 | 文明操作 | 清理仪器用具、试验台面 | 5 | 试验结束后未清理扣 5 分 | | | |
| 4 | 安全及其他 | (1)不得损坏仪器用具 | / | 损坏一般仪器、用具按每件 10 分从总分中扣除 | | | |
| | | (2)不得发生事故 | / | 发生事故停止操作 | | | |
| | | (3)在规定时间内完成操作 | / | 每超时 5 min 从总分中扣 5 分，超时达 15 min 即停止操作 | | | |
| 合计 | | | 100 | | | | |

否定项：若考生发生下列情况，则应及时终止其考试，考生该试题成绩记为零分。
①违章操作
②发生事故

# 任务五　土壤中细菌的纯化

## ■任务描述

在任务四中利用选择培养基从土壤中分离出的微生物菌种混有土壤杂质，因此平板上的单菌落并不纯净。以细菌菌种为例，可通过平板划线法纯化，得到纯菌落，可再接种到斜面培养基上进行保藏。

与涂布接种法类似，平板划线法也是一种固体表面稀释法，用接种环挑取菌种，在固体培养基表面划直线或曲线，接种的同时也让菌体稀释分布在培养基上，从而达到分离纯化的目的。平板划线法可分为连续划线法和交叉划线法。交叉划线法的分离效果更好。

## ■任务实施

(1)分别配制牛肉膏蛋白胨斜面、平板培养基。

(2)平板划线纯化菌种，做三个重复平板。

1)用记号笔和格尺在平板背面划线分出三个区域。

2)灼烧接种环直至烧红，冷却后挑取或蘸取菌种。

3)采用交叉划线法，从第一区开始划线，在划完第一区后，灼烧接种环，待冷却后从第一区的划线末端开始向第二区划线，第三区重复以上操作，划线结束。

注意：不要划破培养基；第三区的划线切勿与第一区重叠，如图 4-2 所示。

(3)恒温培养。于 28～30 ℃培养细菌菌种 1～2 天，第三区会获得较多单菌落(理想结果)，单菌落即纯种，可转接斜面培养基进行保藏。

(4)斜面划线接种(斜面菌种保藏)。

1)标记斜面培养基，写上菌种名、接种日期、接种人等。

2)用无菌操作的方法，把平板分离到的纯菌落转接到斜面培养基上，如图 4-3 所示，划线方向是从斜面下部开始，一直划至上部，注意划线要轻，不可把培养基划破。

3)于 28～30 ℃恒温培养菌种 1～2 天。

4)将斜面菌种置于 4 ℃冰箱冷藏。

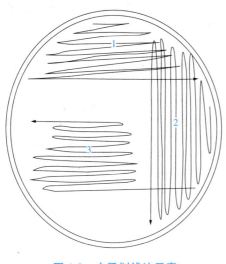

**图 4-2　交叉划线法示意**

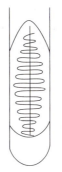

**图 4-3　斜面划线接种示意**

4

### 任务报告

1. 任务目的要求
2. 任务材料准备
3. 任务实施方案
4. 任务结果分析

### 任务反思

### 注意事项

(1)称取药品后应做好标志，勿与其他药品混合在一起；称取完药品应及时盖紧瓶盖；注意pH值不要调过头，以免影响培养基内各离子的浓度。

(2)使用高压灭菌器应严格按照操作程序(加水、排冷空气、降零)进行，避免发生事故；灭菌时操作者切勿擅自离开。

(3)务必要用记号笔在三角瓶、试管、平板上注明培养基的名称、组别、日期。

(4)倒平板的时间要掌握好，避免培养基冷却凝固，并且倒完后应当轻轻摇动平板两三圈，使平板表面平整；待培养基凝固后划线，力度要适当，尽量不要将培养基划破。

(5)接种时，应尽量挑取长势较好的纯种。

(6)接种操作应先用酒精灯将接种环前面的铂丝烧红，即对其进行灭菌，待接种环冷却之后再取菌种，否则会烫死菌种。

(7)菌种在培养过程中，应定时对斜面培养基和平板进行观察，并做相应的记录。

(8)土壤中一般细菌最多，放线菌和霉菌次之，而酵母菌主要见于果园和菜园土壤中，故从土壤分离细菌时应取较低浓度的土壤稀释液，否则平板上长出的细菌菌落过于密集，难以分离纯化。

(9)放线菌的培养时间较长，故制作高氏一号培养基平板时，培养基的量应多加一点，以保证水分和养分的充足。

(10)观察菌落特征时应选择间距较远、形态较大的菌落，对培养基和试管要做好编号，不要随意移动、开盖，以免搞混菌种编号或引入杂菌。

## 任务五 考核单

专业：　　　　　　姓名：　　　　　　学号：　　　　　　成绩：

| 试题名称 | | | 土壤中细菌的纯化 | | | 时间：30 min（平板划线操作） | | |
|---|---|---|---|---|---|---|---|---|
| 序号 | 考核内容 | 考核要点 | 配分 | 评分标准 | | 扣分 | 得分 | 备注 |
| 1 | 操作前的准备 | (1)穿工作服 | 5 | 未穿工作服扣5分 | | | | |
| | | (2)试验方案 | 10 | 未写试验方案扣10分 | | | | |
| | | (3)检查试验场地 | 5 | 未检查扣5分 | | | | |
| 2 | 操作过程 | (1)配制培养基、试管分装 | 10 | 培养基配制不规范扣2～5分，试管分装操作不规范扣2～5分 | | | | |
| | | (2)包扎待灭菌物品 | 5 | 试管包扎不合格扣3分，其他物品包装不合格扣2分 | | | | |
| | | (3)高压蒸汽灭菌 | 5 | 操作不当一处扣2分 | | | | |
| | | (4)摆斜面 | 5 | 斜面长度不适当扣2～5分 | | | | |
| | | (5)倒平板 | 5 | 倒平板操作不规范扣3分，平板标注数据不全扣2分 | | | | |
| | | (6)平板划线纯化细菌菌种 | 20 | 无菌操作不规范扣2～5分；平板背面分区错误扣2分，划线未按分区进行扣3分；接种完一个区域后未灼烧冷却接种环扣2～5分；划破培养基扣2～5分 | | | | |
| | | (7)培养平板菌种 | 5 | 恒温培养箱培养条件设置有误扣3分，平板错误放置扣2分 | | | | |
| | | (8)斜面接种 | 10 | 无菌操作不规范扣2～5分；斜面划线不规范扣2～5分 | | | | |
| | | (9)培养斜面菌种 | 5 | 恒温培养箱培养条件设置有误扣3分，试管错误放置扣2分 | | | | |
| | | (10)保存斜面菌种 | 5 | 未及时从培养箱中取出菌种扣2分，未保存于4 ℃冰箱扣3分 | | | | |

续表

| 试题名称 | | 土壤中细菌的纯化 | | | 时间：30 min（平板划线操作） | | |
|---|---|---|---|---|---|---|---|
| 序号 | 考核内容 | 考核要点 | 配分 | 评分标准 | 扣分 | 得分 | 备注 |
| 3 | 文明操作 | 清理仪器用具、试验台面 | 5 | 试验结束后未清理扣 5 分 | | | |
| 4 | 安全及其他 | (1)不得损坏仪器用具 | / | 损坏一般仪器、用具按每件 10 分从总分中扣除 | | | |
| | | (2)不得发生事故 | / | 发生事故停止操作 | | | |
| | | (3)在规定时间内完成操作 | / | 每超时 1 min 从总分中扣 5 分，超时达 3 min 即停止操作 | | | |
| | 合计 | | 100 | | | | |

否定项：若考生发生下列情况，则应及时终止其考试，考生该试题成绩记为零分。
①违章操作
②发生事故

# 任务六　用沙土管保藏法保藏产黄青霉菌种

**▌任务描述**

沙土管保藏法即沙土管干燥保藏法，在干燥条件下，微生物细胞代谢活动减缓，繁殖速度受到抑制，可减少菌株突变，延长存活时间。用此方法保藏菌种时间为 2～10 年不等，适用于产孢类放线菌、芽孢杆菌、曲霉属、青霉属等。

产黄青霉菌是一种广泛存在于自然界中的霉菌，是生产青霉素的重要工业菌种。利用沙土管保藏法可保存产黄青霉菌的孢子 2 年左右，每半年检查一次菌种活力和杂菌情况。需要使用菌种时，取沙土少许移入液体培养基内，置温箱中培养，复活菌种。

**▌任务实施**

(1)沙土管的制备。

1)取河沙加入 10％稀盐酸，加热煮沸 30 分钟，以去除其中的有机质。

2)倒去酸水，用自来水冲洗至中性。

3)烘干河沙，用 40 目筛子过筛，以去掉粗颗粒，备用。

4)另取非耕作层的不含腐殖质的瘦黄土或红土，加自来水浸泡洗涤数次，直至中性。

5)烘干黄土，碾碎，通过 100 目筛子过筛，以去除粗颗粒。

6)按一份黄土、三份沙的比例(或根据需要选择其他比例，甚至可全部用沙或全部用土)混合均匀，装入 10 mm×100 mm 的小试管中，每管装 1 g 左右，塞上透气硅胶塞，进行灭菌，烘干。

7)抽样进行无菌检查，每 10 支沙土管抽一支，用接种环取少量沙土粒，接种于牛肉膏蛋白胨斜面培养基上，37 ℃培养 48 小时，若仍有杂菌，则需全部重新灭菌，再做无菌检验，直至确定无菌，方可备用。

(2)制备产黄青霉菌的孢子悬浮液。选择孢子层生长丰满的产黄青霉菌斜面菌种，向斜面培养基注入 3～5 mL 无菌水，洗下孢子制成孢子悬液。

(3)接种沙土管。用无菌吸管吸取孢子悬液，均匀滴入沙土管中，每管 0.2～0.5 mL，一般以刚刚使沙土润湿为宜，用接种针搅拌均匀。

(4)干燥。放入真空干燥器内，用真空泵抽干水分，抽干时间越短越好，务必在 12 小时内抽干。

(5)纯培养检查。从做好的沙土保藏管中每 10 支抽取一支，用接种环取出少数沙粒，接种于 PDA 斜面培养基上，进行培养，观察生长情况和有无杂菌生长。如出现杂菌或菌落数很少或根本不长，则说明制作的沙土管有问题，还需进一步抽样检查；若经检查没有问题，用煤气灯熔封管口。

(6)保藏。封口后的沙土管放 4 ℃冰箱或室内干燥处保存。

█任务报告

1. 任务目的要求
2. 任务材料准备
3. 任务实施方案
4. 任务结果分析

█任务反思

任务六　考核单

专业：＿＿＿＿＿　　姓名：＿＿＿＿＿　　学号：＿＿＿＿＿　　成绩：＿＿＿＿＿

| 试题名称 | | 用沙土管保藏法保藏产黄青霉菌种 | | | 时间：不限时 | | |
|---|---|---|---|---|---|---|---|
| 序号 | 考核内容 | 考核要点 | 配分 | 评分标准 | 扣分 | 得分 | 备注 |
| 1 | 操作前的准备 | (1)穿工作服 | 5 | 未穿工作服扣5分 | | | |
| | | (2)试验方案 | 10 | 未写试验方案扣10分 | | | |
| | | (3)检查试验场地 | 5 | 未检查扣5分 | | | |
| 2 | 操作过程 | (1)河沙的处理 | 10 | 河沙处理程序不正确扣5分，处理后的河沙质地不佳扣2~5分 | | | |
| | | (2)黄土的处理 | 10 | 黄土处理程序不正确扣5分，处理后的黄土质地不佳扣2~5分 | | | |
| | | (3)制备沙土管 | 10 | 沙、土混合装管操作不规范扣2~5分；灭菌、烘干操作不规范扣2~5分 | | | |
| | | (4)沙土管无菌检查 | 10 | 无菌操作不规范扣2~5分；斜面接种操作不规范扣2~5分 | | | |
| | | (5)制备产黄青霉菌的孢子悬浮液 | 10 | 无菌操作不规范扣2~5分；洗脱孢子操作不规范扣2~5分 | | | |
| | | (6)接种沙土管 | 5 | 接种量不当扣2分，接种后未混匀扣3分 | | | |
| | | (7)沙土管干燥处理 | 5 | 真空干燥器使用不规范扣2~5分 | | | |
| | | (8)纯培养检查 | 10 | 无菌操作不规范扣2~5分；斜面接种操作不规范扣2~5分 | | | |
| | | (9)沙土管保藏 | 5 | 煤气灯火焰熔封管口操作不规范扣3分，沙土管保藏条件不当扣2分 | | | |
| 3 | 文明操作 | 清理仪器用具、试验台面 | 5 | 试验结束后未清理扣5分 | | | |
| 4 | 安全及其他 | (1)不得损坏仪器用具 | / | 损坏一般仪器、用具按每件10分从总分中扣除 | | | |
| | | (2)不得发生事故 | / | 发生事故停止操作 | | | |
| | 合计 | | 100 | | | | |

否定项：若考生发生下列情况，则应及时终止其考试，考生该试题成绩记为零分。
①违章操作
②发生事故

### 项目小结

1. 在发酵工业中，微生物菌种是发酵的主体，菌种操作是至关重要的过程，既要从自然界中分离选育优良的种子资源，又要将优良的种子资源保藏下来，供发酵工业使用。

2. 菌种的接种方法有划线接种法、三点接种法、穿刺接种法等多种方法，在实践生产过程中根据不同的用途采取相应的方法来进行接种和培养。

3. 种子制备的过程大致可分为两个阶段：实验室种子制备阶段和生产车间种子制备阶段。实验室种子的制备一般采用两种方式：对于产孢子能力强的及孢子发芽、生长繁殖快的菌种可以采用固体培养基培养孢子，孢子可直接作为种子罐的种子；对于产孢子能力不强或孢子发芽慢的菌种，可以用液体培养法。生产车间种子制备阶段是指实验室制备的孢子或液体种子通过移种至种子罐进行扩大培养的过程，发酵种子经过扩大培养后才适用于大规模的发酵生产。

4. 在发酵过程中，菌种的培养最重要的就是种子的扩大培养；在生产过程中，影响种子质量的因素通常有孢子的质量、培养基、培养条件、种龄、接种量等。种子质量的最终指标是考察其在发酵罐中所表现出来的生产能力。因此，在生产过程中通常进行菌种稳定性的检查和无杂菌检查。

5. 菌种保藏不仅是为了延长菌种的生命，同时也为了把菌种的优良特性保持下来，而不发生退化、变异、污染。菌种保藏方法：传代培养保藏法、液体石蜡覆盖保藏法、冷冻保藏法、载体保藏法、寄主保藏法。

## 思 考 题

1. 怎样论断菌种是一个国家的重要资源这一说法？
2. 微生物的接种方法和培养方法多样，如何选用？
3. 发酵工业对菌种有何要求？
4. 什么是发酵种子的扩大培养？
5. 种子扩大培养的目的与要求是什么？
6. 种子扩大培养的一般步骤有哪些？
7. 如何从自然界（例如土壤）分离微生物菌种？
8. 菌种保藏的原理是什么？
9. 菌种保藏的常用方法有哪些？各有何优缺点？
10. 为什么说菌种保藏工作对于任何实验室、企业和国家都是一项非常重要的基础性工作？

# 项目五  发酵设备的操作

项目资讯

作为发酵工业的主体设备，发酵罐扮演着十分关键的角色。发酵罐提供了生物细胞生长代谢的绝佳场所与环境，同时，也提供了人们操纵细胞生长与产物合成的平台。发酵罐的发展是随着发酵产品及发酵工业的发展而发展起来的，最古老的发酵罐可以追溯到远古时代的酿酒。古人用来酿酒的陶罐即古老的厌氧发酵罐。

随着第二次世界大战期间抗生素工业的发展，发酵罐有着飞速的发展。第一个大规模工业生产青霉素的工厂于1944年在美国的Terre Haute投资，发酵罐规模为$54\ m^3$；工业产品的大规模生产要求发酵罐的规模不断加大，机械搅拌、通风、无菌操作、纯种培养等技术不断成熟完善，并逐步引入自动控制技术。20世纪70年代，DNA重组技术的成功标志着现代生物技术的诞生，发酵罐的发展也到了一个新的时代。从90年代开始，动物细胞罐的开发，使发酵罐多样化，在线气体分析仪和在线自动取样分析装置的应用使发酵罐的控制技术也更加高级。

按照规模大小通常把发酵罐的容积范围分成三档，即实验室规模为1～50 L、中试工厂规模为50～5 000 L、生产规模为5 000 L以上。其中，1～10 L罐大多采用玻璃罐结构，多台一起放在试验台上运转，可以较快地获得一组可靠的试验结果，以供发酵罐的放大。

按照发酵罐对氧气的需求与否，将发酵罐分为通风发酵罐与嫌气发酵罐；按照罐体材质的不同，发酵罐有玻璃发酵罐、不锈钢发酵罐；按照传动方式的不同，发酵罐有机械搅拌式发酵罐、磁力搅拌式发酵罐；按照灭菌方式的不同，发酵罐又可分为在位灭菌发酵罐、离位灭菌发酵罐。

随着发酵工业的发展，发酵罐生产有了较大发展，从20世纪70年代开始，上海医药工业研究院、华东化工学院(现华东理工大学)等单位对10 L玻璃罐进行了研制和生产。1985年，华东化工学院从西德贝朗公司技术引进系列实验室发酵罐，组装了多台10 L和30 L发酵罐，其罐体为国内生产，仪表及控制部分为贝朗公司提供。与此同时，成立了国内第一家生产发酵罐的公司——上海华东生物技术工程公司，完成了实验室发酵罐的国产化。从21世纪开始，发酵罐生产发展到了新的阶段，出现了多家生产系列发酵罐的厂商。随着控制技术和制造技术的发展，国内系列发酵罐的产品质量不断提高，而且价格低，维修方便。

项目描述

发酵工业的核心设备是发酵罐。随着发酵工业的蓬勃发展，发酵罐日趋大型化、自动化。发酵罐配备自动控制系统，能够对发酵温度、压力、空气流量、pH值、溶解氧浓度等参数进行监测及自动控制。发酵罐的应用实现了生物产品的大规模生产，是现代生物产业的基石。通过本项目的学习，熟悉发酵设备的种类，掌握发酵罐结构、基本操作与应用，并能够对其进行基础保养。

（1）掌握机械搅拌发酵罐的结构。
（2）能够完成 5 L 机械搅拌式发酵罐的操作。
（3）能够操作机械搅拌式发酵罐进行产品发酵。
（4）能够对机械搅拌式发酵罐等发酵设备进行简单维修及保养。

知识链接

# 知识点一　通风发酵设备

大部分发酵过程都是需要氧气的，因此，在菌体生长代谢时需要通过无菌过滤系统向发酵罐通入无菌空气或氧气。通风发酵设备的典型特征是具备供气系统，常见的有机械搅拌式通风发酵罐、气升式发酵罐、自吸式发酵罐等。

## 一、机械搅拌式通风发酵罐

对于新的好氧发酵过程来说，人们首选的发酵罐就是机械搅拌式通风发酵罐。因为它能适应大多数的生物反应过程，并且能形成标准化的通用产品。通常，只有在机械搅拌通风发酵罐的气液传递性能或剪切力不能满足生物过程时才会考虑使用其他类型的发酵罐。

机械搅拌式通风发酵罐是利用机械搅拌器的作用，使空气和发酵液充分混合，促使氧气在发酵液中溶解，以保证供给微生物生长繁殖、发酵所需要的氧气。

### （一）机械搅拌式通风发酵罐的基本要求

一个性能优良的机械搅拌式通风发酵罐必须满足以下基本要求。

（1）发酵罐应具有适宜的径高比。发酵罐的高度与直径之比一般为 1.7～4，罐身越长，氧的利用率越高。

（2）发酵罐能承受一定压力。

（3）发酵罐的搅拌通风装置能使气液充分混合，保证发酵液必需的溶解氧。

（4）发酵罐应具有足够的冷却面积。

（5）发酵罐内应尽量减少死角，避免藏垢积污，灭菌能彻底，避免染菌。

（6）搅拌器的轴封应严密，尽量减少泄漏。

### （二）机械搅拌式通风发酵罐的结构

好气性机械搅拌式通风发酵罐是一种密封式受压设备，其主要部件包括罐体、轴封、消泡器、搅拌器、联轴器、中间轴承、挡板、空气分布管、换热装置、人孔、管路等。

#### 1. 罐体

机械搅拌式通风发酵罐的结构如图 5-1、图 5-2 所示。发酵罐的罐体由钢制（碳钢或不锈钢）圆柱体及椭圆形或碟形封头焊接而成。小型发酵罐罐顶和罐身采用法兰连接，一般采用不锈钢材料制成。为了便于清洗，小型发酵罐顶设有便于清洗用的手孔。中大型发酵罐可用内衬不锈钢或复合不锈钢制成，并装有快开人孔及清洗用的快开手孔。罐顶还装有视镜及灯镜，在其内

---

表面装有压缩空气或蒸汽吹管。

在发酵罐的罐顶上的接管有进料管、补料管、排气管、接种管和压力表接管等。在罐身上的接管有冷却水进出管、进空气管、取样管、温度计管和测控仪表接口。排气管应尽量靠近封头的中心轴封位置，在其顶盖的内面顺搅拌器转动方向装有弧形挡板，可以减少跑料。取样管可装在罐侧或罐顶，视操作方便而定。原则上讲，罐体的管路越少越好，能合并的应该合并，如进料口、补料口和接种口可合为一个接管口。放料可利用通风管压出，也可在罐底另设放料口。

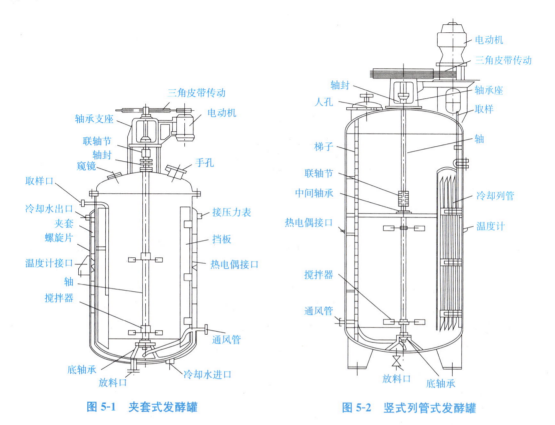

图 5-1　夹套式发酵罐　　　　　图 5-2　竖式列管式发酵罐

罐体各部分的尺寸有一定的比例，罐的高度与直径之比一般为 1.7~4。

发酵罐通常装有两组搅拌器，两组搅拌器间的距离 $S$ 约为搅拌器直径的 3 倍。对于大型发酵罐及液体深度较高的，可安装三组或三组以上的搅拌器。最下面一组搅拌器通常与风管出口较接近为好，与罐底的距离 $C$ 一般等于搅拌器直径 $D_i$，但也不宜过小，否则会影响液体的循环。最常用的发酵罐各部分的比例尺寸如图 5-3 所示。

### 2. 搅拌器

搅拌器将空气打成小气泡，增加气液接触面积，提高氧的传质速率，同时，让发酵液充分混合，液体中的固形物保持悬浮状态。搅拌器可以使液体产生轴向流动和径向流动。为了使发酵液搅拌均匀，应根据发酵罐的容积，在搅拌轴上配置多个搅拌器，搅拌器的形式、直径大小、转速、组数、间距，以及在罐内的相对位置等应根据罐体内液位高度、发酵液的特性等因素来决定。

搅拌器按液流形式可分为轴向式和径向式两种。桨式、锚式、框式和推进式的搅拌器均属于轴向式，而涡轮式搅拌器则属于径向式。对于气液混合系统，采用圆盘涡轮式搅拌器较好，

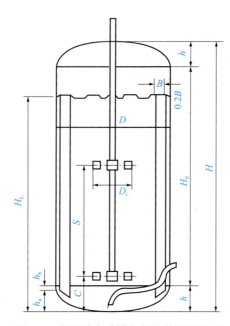

图 5-3　常用的发酵罐各部分的比例尺寸

$D_i=1/3D$　$H_0=2D$　$B=0.1D$　$h=0.25D$　$S=3D_i$　$C=D_i$

因而，发酵罐的搅拌器一般采用涡轮式，它的特点是直径小，转速快，搅拌效率高，功率消耗较低，主要产生径向液流，在搅拌器的上下两面循环翻腾（上下两组），可以延长空气在发酵罐中的停留时间。有利于氧在醪液中溶解。根据搅拌器的主要作用，打碎气泡主要靠下组搅拌。上组主要起混合作用。因此，下组宜采用圆盘涡轮式搅拌器，上组采用平桨式搅拌器。

常见的搅拌器有平叶式、弯叶式、箭叶式三种（图 5-4）。平叶式功率消耗较大，弯叶式次之，箭叶式最小。为了拆装方便，大型搅拌器可做成两半型，用螺栓连成整体。

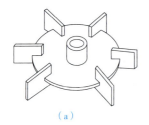
（a）

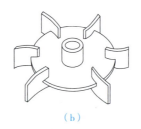
（b）

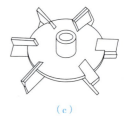
（c）

图 5-4　常见搅拌器的结构示意

（a）平叶式；（b）弯叶式；（c）箭叶式

### 3. 挡板

挡板的作用是克服搅拌器运转时液体产生的旋涡，改变液流的方向，将径向流动改为轴向流动，促使液体激烈翻腾，增加溶氧速率。

图 5-5 的右边表示一个不带挡板的搅拌流型，在中部液面下陷，形成一个很深的旋涡，此时搅拌功率降低，大部分功率消耗在旋涡部分，靠近罐壁处流体速度很低，气液混合不均匀。图 5-5 的左边是一个带挡板的搅拌流型，流体从搅拌器径向甩出去后，到罐壁遇到挡板的阻碍，形成向上、向下两部分垂直方向的流动，向上部分经过液面后，流经轴向而转下，由于挡板的

存在不致发生中央下陷的旋涡，液体表面外观是旋转起伏的波动。在两个搅拌器之间，液体发生向上、向下的垂直流动，流进搅拌器圆盘外随着搅拌器叶轮向外甩出，经罐壁遇到挡板的阻碍，迫使液体又发生垂直运动，这样，在两个搅拌器的上、下方各自形成了自中间轴到罐壁的循环流动。在下组搅拌器的下方，罐底中间部分液体被迫向上，然后顺着搅拌器径向甩出，形成循环。

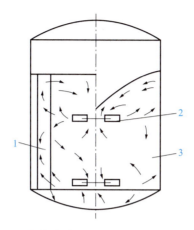

**图 5-5　通用式发酵罐搅拌器、挡板改变液体翻动模型**
1—挡板；2—搅拌器；3—发酵液

通常，挡板宽度取$(0.1\sim0.2)D$，装设 4～6 块即可满足全挡板条件。全挡板条件是指在发酵罐内再增加挡板或其他附件时，搅拌功率保持不变，而旋涡基本消失。

小型发酵罐用不锈钢板作为挡板，大型发酵罐通常用换热的竖式列管作为挡板，不另设挡板。

#### 4. 消泡器

由于发酵液中含有大量的蛋白质等营养物质，在通气搅拌下会产生大量的泡沫，严重时将导致溢罐和染菌。在通气发酵生产中，消泡的方法有两种：一是加入消泡剂；二是安装机械消泡装置。工业上常将两种方法联合使用。机械消泡装置有耙式消泡器、旋转圆板式消泡器、冲击反射板机械消泡器等。耙式消泡器的长度为罐直径的 0.8～0.9 倍(图 5-6)。

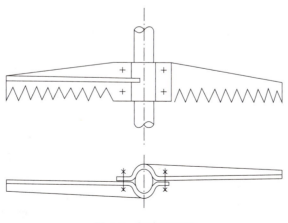

**图 5-6　耙式消泡器**

**5. 联轴器**

大型发酵罐搅拌轴较长，常分为二段或三段，其采用联轴器，上下搅拌轴呈牢固的刚性连接。常用的联轴器有鼓形及夹壳形两种。小型的发酵罐可采用法兰将搅拌轴连接，轴的连接应垂直，中心线对正。

**6. 轴承**

为了减少振动，中型发酵罐一般在罐内装有底轴承，而大型发酵罐装有中间轴承，底轴承和中间轴承的水平位置应能适当调节。罐内轴承不能加润滑油，应采用液体润滑的塑料轴瓦（如石棉酚醛塑料等）。为了防止轴颈磨损，可以在与轴承接触处的轴上增加一个轴套。

**7. 轴封**

轴封的作用是使罐顶或罐底与轴之间的缝隙加以密封，防止泄漏和污染杂菌。常用的轴封有填料函式（图 5-7）和端面式轴封（图 5-8）两种。

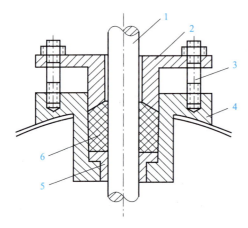

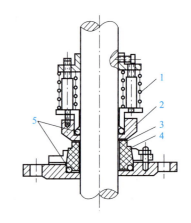

图 5-7　填料函式轴封的结构示意
1—转轴；2—填料压盖；3—压紧螺栓；
4—填料箱体；5—铜环；6—填料

图 5-8　端面式轴封的结构示意
1—弹簧；2—动环；3—堆焊硬质合金；
4—静环；5—O 形圈

填料函式轴封是由填料箱体、填料底衬套、填料压盖和压紧螺栓等零件构成，使旋转轴达到密封的效果。填料函式轴封结构简单，但存在死角多、难以彻底灭菌、容易渗漏及染菌等缺点，因此，目前多采用端面式轴封。

端面式轴封又称机械轴封，其主要依靠弹簧、波纹管等弹性元件达到密封。端面式轴封相对于填料函式轴封，具有密封可靠、无死角、使用寿命长、摩擦功率耗损小等优点，因此，其在工业生产中得到了广泛的应用。端面式轴封对轴的精度和光洁度没有填料密封要求那么严格，对轴的振动敏感性小。但是端面式轴封的结构比填料密封复杂，装拆不便；对动环及静环的表面光洁度及平直度要求也高。

**8. 空气分布器**

发酵罐借助空气分布器吹入无菌空气，并使空气均匀分布。空气分布器可分为单管式和多孔环状管。大型发酵罐常用的分布装置为单管式（图 5-9），管口正对罐底，管口与罐底的距离约为 40 mm，这样空气分散效果较好。空气由分布管喷出上升时，在搅拌器作用下与发酵液充分混合。通风管空气流速大约为 20 m/s。通常，在空气分布装置的下部装有不锈钢的衬板，以免吹管吹入的空气直接喷击罐底，可延长罐底的使用寿命。多孔环状管空气分布器如图 5-10 所示。

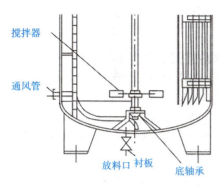

图 5-9 单管式空气分布器

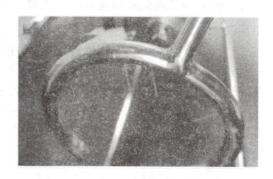

图 5-10 多孔环状管空气分布器

### 9. 变速装置

试验罐一般采用无级变速装置。发酵罐常用的变速装置有三角皮带变速传动，圆柱或螺旋圆锥齿轮减速装置，其中以三角皮带变速传动较为简便。变速装置的传动为机械搅拌轴的运动提供了有力保障，在搅拌轴的带动下，搅拌器的搅拌实现了发酵罐内溶氧浓度的增加。

### 10. 换热装置

(1)夹套式换热装置。夹套式换热装置多应用于容积较小的发酵罐、种子罐；夹套的高度比静止液面高度稍高即可，无须进行冷却面积的设计。夹套式换热装置的结构简单，加工容易，罐内无冷却设备，死角少，容易进行清洁灭菌工作，有利于发酵。但是其传热壁较厚，冷却水流速低，发酵时降温效果差(图 5-1)。

(2)竖式蛇管换热装置。竖式蛇管换热装置是竖式的蛇管分组安装于发酵罐内，有四组、六组或八组不等，根据罐的直径大小而定，容积 5 m³ 以上的发酵罐多用这种换热装置。装置使用时冷却水在管内的流速大，传热系数高。这种冷却装置适用于冷却用水温度较低的地区，水的用量较少。但是气温高的地区，冷却用水温度较高，则发酵时降温困难，发酵温度经常超过40 ℃，影响发酵产率，因此应采用冷冻盐水或冷冻水冷却，这样就增加了设备投资及生产成本。另外，弯曲位置比较容易蚀穿。

(3)竖式列管(排管)换热装置。竖式列管(排管)换热装置是以列管形式分组对称装于发酵罐内(图 5-2)。其优点是加工方便，适用于气温较高、水源充足的地区。但其传热系数较蛇管低，用水量较大(图 5-11)。

图 5-11 竖式列管(排管)换热装置

### (三)机械搅拌式通风发酵罐的其他附属系统

#### 1. 蒸汽发生器

蒸汽发生器(俗称锅炉)是利用燃料或其他能源的热能把水加热成热水或蒸汽的机械设备,它能够为发酵罐、培养基、管道的灭菌提供高压蒸汽。蒸汽发生器按照燃料可分为电蒸汽发生器、燃油蒸汽发生器、燃气蒸汽发生器等。蒸汽发生器内蒸汽压最高可达 1.3 MPa,锅炉承受高温高压,安全问题十分重要。即使是小型锅炉,一旦发生爆炸,后果也十分严重。因此,锅炉的材料选用、设计计算、制造、检验等都有严格的法规,在使用时也应严格遵守操作规程进行操作。

#### 2. 循环冷冻机

当气温较高时,冷却水的温度较高无法起到有效冷却效果,就必须使用循环冷冻机将冷却水进一步冷却成冷冻水或冷冻盐水。循环冷冻机通过改变冷媒气体的压力变化来达到低温制冷的效果。循环冷冻机蒸发器中的液态制冷剂吸收水中的热量并开始蒸发,最终制冷剂与水之间形成一定的温度差,液态制冷剂完全蒸发变为气态后被压缩机吸入并压缩,气态制冷剂通过冷凝器吸收热量,凝结成液体。通过膨胀阀或毛细管节流后变成低温低压制冷剂进入蒸发器,完成制冷剂循环过程。水泵负责将水从水箱抽出泵到需冷却的设备,冷冻水将热量带走后温度升高,再回到冷冻水箱中,实现循环冷冻。

### (四)机械搅拌式通风发酵罐的维护

(1)发酵罐的场地环境应整洁干燥、通风良好,电气部分不得直接接触水、汽。

(2)空气过滤器应定期更换,以保证滤器的有效过滤。

(3)发酵罐配套仪表(如压力表、安全阀)应每年校准一次,以保证可以正常使用。

(4)溶氧电极、pH 电极拆下后应进行清洗,探头置于相应保存液中保存。

(5)发酵罐暂时不用时,应将发酵罐清洗后并用空气吹干,并排出锅炉及管道内残余蒸汽,同时排出空气管道中的残余空气,取出过滤器滤芯,清洗并晾干。

(6)蒸汽发生器应使用软化水,防止结垢。每次使用后,先切断电源,排除压力后停止供水,并排空蒸汽发生器;同时储水箱应定期清洗,排出污水。

(7)空气压缩机储气罐应 2~3 d 排水一次,并定期更换压缩机进口空气滤芯。

## 二、气升式发酵罐

在工业发酵中,经常采用的还有一种重要的发酵罐,即气升式发酵罐。机械搅拌式通风发酵罐的通风原理是罐内通风,靠机械搅拌作用使气泡分割细碎,与培养基充分混合,密切接触,以提高氧的吸收系数,设备构造比较复杂,动能消耗较大。采用气升式发酵罐可以克服上述的缺点。

### (一)气升式发酵罐的特点

(1)结构简单,冷却面积小。

(2)无搅拌传动设备,节省动力约 50%,节省钢材。

(3)操作时无噪声。

(4)料液装料系数达 80%~90%,而不需加消泡剂。

(5)维修、操作及清洗简便,减少杂菌污染。

但气升式发酵罐还不能代替好气量较小的发酵罐,其对于黏度较大的发酵液溶氧系数较低。

### (二)气升式发酵罐的结构及原理

气升式发酵罐可分为内循环和外循环两种。其主要结构包括罐体、上升管、空气喷嘴。气升式发酵罐的结构如图 5-12 所示。气升式发酵罐是在罐外设一上升管，上升管两端与罐底及上部相连接，构成一个循环系统。在上升管的下部装设空气喷嘴，空气以 25～30 m/s 的速度高速喷入上升管，使空气分割细碎，与上升管的发酵液密切接触。由于上升管内的发酵液相对密度较小，加上压缩空气的动能使液体上升，所以罐内液体下降进入上升管，形成反复的循环。

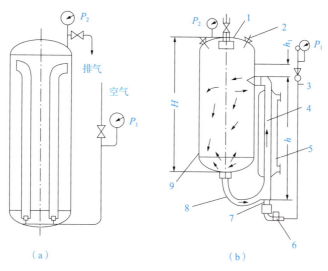

**图 5-12　气升式发酵罐结构示意**

(a)内循环；(b)外循环

1—人孔；2—视镜；3—空气管；4—上升管；5—冷却器；

6—单向阀门；7—空气喷嘴；8—带升管；9—罐体

## 三、自吸式发酵罐

自吸式发酵罐是一种不需要空气压缩机，而在搅拌过程中借助形成的局部低压而自动吸入空气的发酵罐。这种设备的耗电量小，能保证发酵所需的空气，并能使气液分离细小，均匀地接触，吸入空气中 70%～80% 的氧被利用。其主要用于生产葡萄糖酸钙、维生素 C、酵母、蛋白酶等。

### (一)自吸式发酵罐的优点

(1)节约空气净化系统中的空气压缩机、冷却器、油水分离器、总过滤器等设备，减少厂房占地面积。

(2)减少工厂发酵设备投资约 30%，例如，应用自吸式发酵罐生产酵母，容积酵母的产量可达 30～50 g。

(3)设备便于自动化、连续化，降低劳动强度。

(4)酵母发酵周期短，发酵液中酵母浓度高，分离酵母后的废液量少。

(5)设备结构简单，溶氧效果高，操作方便。

### (二)自吸式发酵罐的结构

自吸式发酵罐的主体结构由罐体、自吸搅拌器、导轮、轴封、换热装置、消泡器等组成，如图 5-13 所示。

### (三)自吸式发酵罐的通风原理

自吸式发酵罐的主要构件由自吸搅拌器和导轮组成，简称为转子和定子。转子由箱底向上升入的主轴带动，当转子转动时空气则由导气管吸入。转子的形式有九叶轮、六叶轮、三叶轮、十字形叶轮等，叶轮均为空心形。

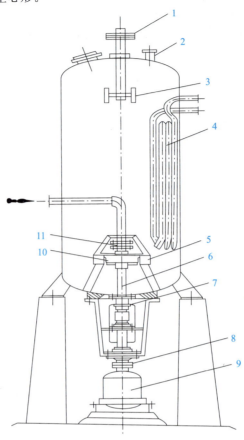

**图 5-13　自吸式发酵罐的结构示意**

1—皮带轮；2—排气管；3—消泡器；4—冷却排管；5—定子；6—轴；
7—双端面轴封；8—联轴节；9—马达；10—自顺式转子；11—端面轴封

　　自吸式发酵罐的工作原理如图 5-14 所示。它是利用空心体叶轮的旋转，依靠离心力作用，在空心体内产生负压区，在大气压的作用下，净化的空气就会源源不断经通道吸入，通过定子控制叶轮，刚离开叶轮的空气立即在不断循环的发酵液中分散细微的气泡，并在湍流状态下混合、翻腾、扩散到整个罐中。因此，自吸式通风装置在搅拌的同时完成了通风过程。

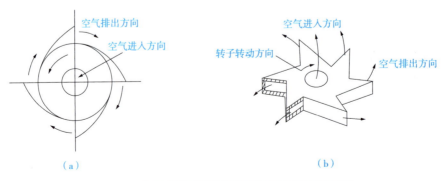

**图 5-14　自吸式发酵罐的导轮结构及充气原理示意**

（a）十字形转子；（b）六叶轮转子

## 四、通风固体发酵设备

### (一)浅盘式发酵设备

浅盘式发酵设备是比较常用的一种好氧固体浅层发酵设备，这种反应器构造简单，由一室和许多可移动的托盘组成，托盘可以是木料、金属（铝或铁）、塑料等制成，底部打孔，以保证生产时底部通风良好。培养基经灭菌、冷却、接种后装入托盘，托盘放在密室的架子上。一般托盘放置在架上层，两托盘间有适当空间，保证通风。发酵过程在可控制湿度的密室中进行，培养温度由循环的冷（热）空气来调节。

浅盘式发酵设备是一种没有强制通风的固态发酵设备，特别适合酒曲的加工。所装的固体培养基最大厚度一般为 15 cm，放在自动调温的房间。它们排列成一排，一个紧邻一个，之间有很小的间隙。这种技术由于规模化生产比较容易，只要增加盘子的数目就可以了。

使用浅盘式发酵设备的曲室设计要求如下：易于保温、散热、排除湿气、清洁消毒等；曲室四周墙高为 3～4 m，不开窗或开有少量的细窗口，四壁均用夹墙结构，中间填充保温材料；房顶向两边倾斜，使冷凝的汽水沿顶向两边下流，避免滴落在曲上；为方便散热和排湿气，房顶开有天窗。固体曲房的大小以一批曲料用一个曲房为准。曲房内设曲架，以木材或钢材制成，每层曲盘应占 0.15～0.25 m，最下面一层距离地面约为 0.5 m，曲架总高度取 2 m 左右，以方便人工搬取或安放曲盘。

尽管这种技术已经广泛用于工业上，但是它需要很大的面积，而且消耗很多人力。

### (二)机械通风固体深层发酵设备

机械通风固体深层发酵设备使用了机械通风，即鼓风机，因而强化了发酵系统的通风，使固体发酵培养基厚度大大增加，不仅使发酵生产效率大大提高，而且便于控制发酵温度，提高产物的质量。

机械通风固体深层发酵设备如图 5-15 所示。设备多用长方形水泥池，宽约为 2 m，深为 1 m，长度则根据生产场地及产量等选取，但不宜过长，以保持通风均匀；底部应比地面高，以便于排水，池底应有 8°～10°的倾斜，以使通风均匀；池底上有一层筛板，固体发酵培养基置于筛板上，料层厚度为 0.3～0.5 m。设备一端（池底较低端）与风道相连，其间设一风量调节闸门。通风方式常用单项通风操作，为了充分利用冷量或热量，一般把离开固体培养基的排气部分经循环风道回到空调室，另吸入新鲜空气。据试验测试结果，空气适度循环，可使进入固体培养基空气的 $CO_2$ 浓度提高，可减少霉菌过度呼吸而减少淀粉原料的无效损耗。当然，废气只能部分循环，以维持与新鲜空气混合后 $CO_2$ 浓度在 2％～5％为佳。通风量为 400～1 000 $m^3 \cdot m^{-2} \cdot h^{-1}$，视固体培养基厚度和发酵使用菌株、发酵旺盛程度及气候条件等而定。

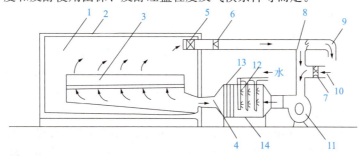

**图 5-15 机械通风固体深层发酵设备**

1—曲室；2—绝热材料；3—曲料；4—进风道；5—回风调节器；6、7—空气过滤器；8—空气调节器
9—排气口；10—新鲜空气入口；11—鼓风机；12—空调室；13—阻水器；14—水槽

机械通风固体深层发酵设备的结构与好氧固体浅层发酵设备所用曲房大同小异，空气通道中风速取 10～15 m/s。因机械通风固体深层发酵通风过程阻力损失较低，故可选用效率较高的离心式送风机，通常用风压为 1 000～3 000 Pa 的中压风机较好。

### (三)压力脉动固态发酵罐

压力脉动固态发酵罐由中国科学院过程工程研究所开发，其结构原理是对密闭反应器内的气相压力施以周期脉动，并以快速泄压方式使潮湿颗粒因颗粒间气体快速膨胀而发生松动，从而达到强化气相与固相料层间均匀传质、传热过程的目的。另外，气相压力的周期脉动会引发多种外界环境参数对细胞膜的周期刺激作用，如氧浓度、内外渗透压差、温度波动等，这些波动会加速细胞代谢、生长、繁殖及内外物质、能量、信息的传递过程。

压力脉动固态发酵罐为密闭圆柱体 $\phi 1.7$ m×10 m，露天平卧放置，快开门与无菌操作间相接；内部设有循环风机和风道，冷却水换热排管，温度与湿度探头；底部有盘架进出轨，固态培养基以浅盘方式密集排放在盘架上，盘架下的钢轮在钢轨上滚动，盘架有两排，每排 9 节；盘架上有 21 层盘架。发酵盘中的固体培养基相对静止不动，但气相是动态。在气相突然泄压时，颗粒会因歇中的气体膨胀而发生松动，并使传质、传热过程由分子扩散转为对流扩散。其主要操作是用无菌空气对罐压施以周期性脉动。

## 知识点二　啤酒发酵设备

### 一、大型啤酒发酵设备

为了适应大生产的需要，近年来世界各国啤酒工业在传统生产基础上作了较大的改进，各种形式的大容量发酵设备应运而生。在国际上，啤酒工业发展的趋势是改进生产工艺，扩大生产设备能力，缩短生产周期和使用电子计算机进行自动控制。我国的啤酒工业从 20 世纪 80 年代开始发展迅速。大容量发酵设备及其发酵工艺等新技术得到推广，大容量发酵罐已在新老啤酒厂中广泛应用。

### (一)圆筒体锥底发酵罐

啤酒行业中广泛采用的啤酒发酵设备是圆筒体锥底发酵罐。其优点是发酵速度快，易于沉淀收集酵母，减少啤酒及其苦味物质的损失，泡沫稳定性得到改善，对啤酒工业的发展极为有利。目前国内最大的圆筒体锥底发酵罐在 600～700 m³。

圆筒体锥底发酵罐可以用不锈钢或碳钢制作，采用碳钢材料时，需要涂料作为保护层。如图 5-16 所示为圆筒体锥底发酵罐。

罐的上部封头设有人孔、视镜、安全阀、压力表、二氧化碳排出口；采用二氧化碳为背压，为了避免用碱液清洗时形成负压，可以设置真空阀；锥体上部中央设不锈钢可旋转洗涤喷射器，具体位置要能使喷出水最有力地射到罐壁结垢最严重的地方。大罐罐体的工作压力根据大罐的工作性质而定，如果发酵罐兼作储酒罐，工作压力可定为 $1.5×10^6$～$2.0×10^6$ Pa。

这种发酵设备一般置于室外。已经灭菌的新鲜麦芽汁与酵母由底部进入罐内，发酵最旺盛时，使用全部冷却夹套维持适宜的发酵温度。冷介质多采用乙二醇或酒精溶液，也可用氨作冷介质。

如果放置在露天，罐体保温绝热材料可采用聚氨酯泡沫塑料、脲醛泡沫塑料、聚苯乙烯泡沫塑料或膨胀珍珠岩矿棉等，厚度为 $100\sim200$ mm，具体厚度可以根据当地的气候选定。如果采用聚氨酯泡沫塑料作保温材料，可以采用直接喷涂后外层用水泥涂平的方法。为了罐美观和牢固，保温层外部可以加薄铝板外套，或镀锌铁板保护，外涂银粉。

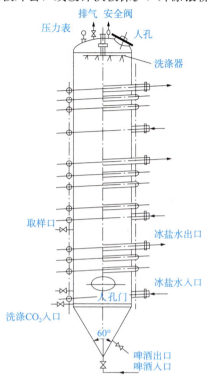

图 5-16 圆筒体锥底发酵罐

考虑到 $CO_2$ 的回收，就必须使罐内的 $CO_2$ 维持一定的压力，所以大罐就成为一个耐压罐，有必要设立安全阀。罐的工作压力根据不同的发酵工艺而有所不同。若作为前发酵和储酒两用，就应以储酒时 $CO_2$ 的含量为依据，所需的耐压程度要稍高于单用于前发酵的罐。

### (二)大直径露天储酒罐

大直径露天储酒罐(图 5-17)是一种通用罐，既可作为发酵罐，又可作为储酒罐。大直径罐是大直径露天罐的一种，其直径与罐高之比远比圆筒体锥底罐要大。大直径罐一般只要求储酒保温，没有较大的降温要求，因此，其冷却系统的冷却面积远比圆筒体锥底罐小，安装基础也较简单。

大直径罐基本是一柱体罐，略带浅锥形底，便于回收酵母等沉淀物和排出洗涤水。其表面积与容量之比较小，罐的造价较低。大直径罐冷却夹套只有一段，位于罐的中上部，上部酒液冷却后，沿罐壁下降，底部酒液从罐中心上升，形成自然对流。因此，此种罐的直径虽大，但仍能保持罐内温度均匀。大直径罐锥角较大，以便排放酵母等沉淀物；罐顶可设置安全阀，必要时设置真空阀；罐内设置自动清洗装置，并设浮球带动一出酒管，滤酒时可使上部澄清酒液先流出；为加强酒液的自然对流，在管的底部加设一 $CO_2$ 喷射环。环上 $CO_2$ 喷射眼的孔径为 1 mm 以下；当 $CO_2$ 在罐中心向上鼓泡时，酒液运动的结果使底部出口处的酵母浓度增加，便于回收，同时挥发性物质被 $CO_2$ 带走，$CO_2$ 可以回收。大直径罐外部是保温材料，厚度达 $100\sim200$ mm。

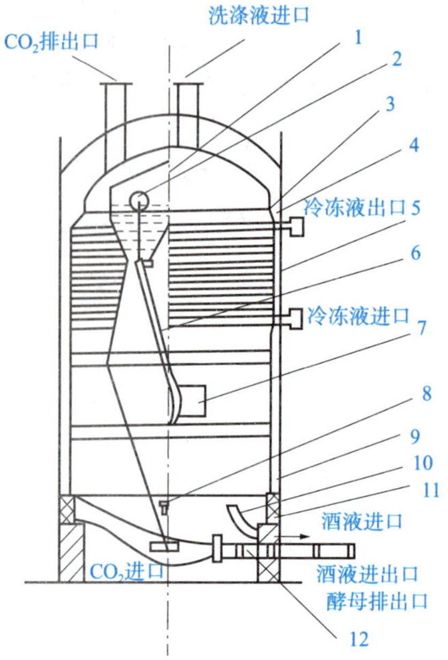

图 5-17　大直径露天储酒罐

1—自动洗涤装置；2—浮球；3—罐体；4—保温层；5—冷却夹套；
6—可移动滤酒管；7—人孔；8—$CO_2$ 喷射环；9—支脚；
10—酒液排出阀；11—机座；12—酒液进出口（酵母排出口）

### （三）朝日罐

朝日罐又称单一酿槽，是前发酵和后发酵合一的室外大型发酵罐。它采用了一种新的生产工艺，解决了酵母沉淀困难的问题，大大缩短了储藏啤酒的成熟期。

朝日罐为一罐底倾斜的平底柱形罐，其直径与高度之比为 1 ：（1～2），用厚度为 4～6 mm 的不锈钢板制成。罐身外部设有两段冷却夹套，底部也有冷却夹套，用乙醇溶液或液氨作为冷介质。罐内设有可转动的不锈钢出酒管，可以使放出的酒液中 $CO_2$ 含量比较均匀。

朝日罐生产系统的特点是利用离心机回收酵母，利用薄板换热器控制发酵温度，以及利用循环泵把发酵液抽出又送回去。

使用朝日罐进行一罐法生产啤酒，可以加速啤酒的成熟，提高设备的利用率，使罐容积利用系数达到 96％ 左右；在发酵液循环时酵母分离，发酵液循环损失很少；还可以减小罐的清洗工作，设备投资和生产费用比传统法要低。但是朝日罐使用时动力消耗大，冷冻能力消耗大。

## 二、啤酒发酵附属设备

### （一）糊化锅

糊化锅的作用是通过加热，原料中的淀粉糊化和液化。糊化锅锅身为圆柱形，锅底及顶盖均为弧形或球形。采用夹套蒸汽加热，外部设有保温层。粉碎后的大米粉、麦芽粉和热水由下粉管及进水管混合均匀后送入，借助搅拌桨的搅拌，原料均匀受热。糊化醪经锅底出口泵至糖化锅。

### （二）糖化锅

糖化锅的作用是保温进行原料中蛋白质、淀粉等大分子原料的水解。糖化锅的结构与糊化锅基本相同，体积约为糊化锅的 2 倍。

### (三)麦汁煮沸锅

麦汁煮沸锅又称为煮沸锅或浓缩锅，用于麦芽汁的煮沸与浓缩。煮沸锅通过加热将麦芽汁中多余的水分蒸发实现麦芽汁的浓缩，并加入酒花，热浸提出酒花中的风味物质，同时实现加热凝固蛋白质、灭菌、钝化酶等作用。煮沸锅有夹套式加热、列管式加热及外加热等不同类型。夹套式加热效率较低；列管式加热常设置为中心加热器，麦芽汁在中心加热器受热后，产生显著密度差，形成内循环，因而蒸发效率较高；具外加热器的煮沸锅可将麦芽汁加热到106 ℃，缩短煮沸时间，并提高酒花利用率，实现更佳的啤酒过滤效果。

### (四)过滤槽

过滤槽能够实现麦芽汁的澄清，是麦芽汁制备的关键设备。其通常可分为具有平底筛的常压过滤槽、低压快速过滤槽。常压过滤槽为圆柱形槽身，弧形顶盖，平底上有带滤板的夹层。低压快速过滤槽的典型特征是使用了离心泵抽滤，增加了过滤压力差，且过滤面积比传统过滤槽大，因而过滤速度快，但麦芽汁透明度不及传统过滤槽。

### (五)自动清洗系统

大型发酵罐和储酒设备的机械洗涤，现如今普遍使用自动清洗系统(CIP)(图5-18)。该系统设有碱液、热水罐、甲醛溶液罐和循环用的管道与泵，洗涤剂可以重复使用，浓度不够时可以添加。使用时先将50～80 ℃的热碱液用泵送往发酵罐，储酒罐中高压旋转不锈钢喷头，压力不小于 $4.92 \times 10^5 \sim 9.81 \times 10^5$ Pa，使积垢在液流高压冲洗下迅速溶于洗涤剂，以达到清洁的效果。洗涤后，碱液回流储槽，每次循环时间不应少于 5 min，之后，再分别用泵送热水、清水、甲醛液，按工艺要求交替清洗。

图 5-18　自动清洗系统(CIP)

**实践操作**

## 任务　机械搅拌式通风发酵罐的基本操作

### ■任务描述

机械搅拌式通风发酵罐是通用式发酵罐，用途较广，设计结构复杂，操作程序多。实验室机械搅拌式通风发酵罐的规格各异，有 10 L 以下的单体发酵罐，有体积较大的二级发酵罐，根据自身情况，完成机械搅拌式通风发酵罐的接种、取样、参数设置、空消等基本操作。

视频：小型发
酵罐的空罐灭菌

■ 任务实施

(1)机械搅拌式通风发酵罐的结构认识。

(2)机械搅拌式通风发酵罐的参数设置。

(3)机械搅拌式通风发酵罐的接种、取样操作。

(4)机械搅拌式通风发酵罐的空消。

■ 任务报告

1. 任务目的要求
2. 任务材料准备
3. 任务实施方案
4. 任务结果分析

■ 任务反思

**任务 考核单**

专业：_____ 姓名：_____ 学号：_____ 成绩：_____

| 试题名称 | | 机械搅拌式通风发酵罐的基本操作 | | | 时间：160 min | | |
|---|---|---|---|---|---|---|---|
| 序号 | 考核内容 | 考核要点 | 配分 | 评分标准 | 扣分 | 得分 | 备注 |
| 1 | 操作前的准备 | (1)穿工作服 | 5 | 未穿工作服扣5分 | | | |
| | | (2)试验方案 | 10 | 未写试验方案扣10分 | | | |
| | | (3)检查样品 | 5 | 未检查样品扣5分 | | | |
| 2 | 操作过程 | (1)画出发酵罐的结构图 | 5 | 结构不规范每项扣1分 | | | |
| | | (2)重要参数的设置 | 5 | 错误一项扣1分 | | | |
| | | (3)接种操作 | 5 | 接种操作不规范扣5分 | | | |
| | | (4)取样操作 | 5 | 取样操作不规范扣5分 | | | |
| | | (5)空消前的准备 | 10 | 准备不正确的每项扣1分 | | | |
| | | (6)蒸汽发生器的操作 | 5 | 操作不规范扣5分 | | | |
| | | (7)操作平台的设置 | 5 | 操作不规范扣5分 | | | |
| | | (8)空消过程 | 30 | 灭菌过程对设备的照看对出现的问题处置不当扣1~10分 | | | |
| | | (9)原始记录 | 5 | 原始数据记录不规范、信息不全扣1~5分 | | | |

续表

| 试题名称 | | 机械搅拌式通风发酵罐的基本操作 | | | 时间：160 min | | |
|---|---|---|---|---|---|---|---|
| 序号 | 考核内容 | 考核要点 | 配分 | 评分标准 | 扣分 | 得分 | 备注 |
| 3 | 文明操作 | 清理仪器用具、试验台面 | 5 | 试验结束后未清理扣5分 | | | |
| 4 | 安全及其他 | (1)不得损坏仪器用具 | / | 损坏一般仪器、用具按每件10分从总分中扣除 | | | |
| | | (2)不得发生事故 | / | 发生事故停止操作 | | | |
| | | (3)在规定时间内完成操作 | / | 每超时1 min从总分中扣5分，超时达3 min即停止操作 | | | |
| 合计 | | | 100 | | | | |

否定项：若考生发生下列情况，则应及时终止其考试，考生该试题成绩记为零分。
①违章操作
②发生事故

## 项目小结

1. 发酵设备包括通风发酵罐与厌氧发酵罐。通风发酵罐主要有机械搅拌式、自吸式、气升式等；厌氧发酵罐主要以啤酒发酵为例讲授。大部分发酵工业产品都是采用机械搅拌式通风发酵罐进行发酵生产。

2. 机械搅拌式通风发酵罐是由罐体、搅拌器、轴封、消泡器、联轴器、空气分布器、挡板、冷却装置等部件构成的。机械搅拌桨能将从空气分布器分散的气泡与发酵液充分混合，实现氧气的溶解与供给。挡板能够防止旋涡的产生，并提高溶氧浓度。冷却装置依靠内部通入的冷却水或循环水实现热交换，保证发酵过程温度的稳定性与可控性。

3. 发酵罐使用前需检查电源、空气压缩机、工控机、循环水系统；接入物料后进行预热，三路进汽进行实消，同时对管路、空气过滤器进行消毒。实消结束后通入无菌空气稳压，开启冷却系统。罐温降至所需温度进行无菌接种，发酵结束后加压放料。

## 思考题

1. 简述机械搅拌式通风发酵罐的结构及主要部件功能。

2. 简述机械搅拌式通风发酵罐的基本操作步骤。

3. 简述发酵罐的保养与维护要点。

4. 实罐灭菌保温结束后，为什么要先向罐内通入无菌空气？

# 项目六 发酵过程控制技术

## 项目资讯 📄

生物传感器(Biosensor)是指对生物物质敏感并将其浓度转换为电信号进行检测的仪器，特殊之处在于采用固定化生物成分或生物体作为敏感元件。生物传感器是由固定化的生物敏感材料作识别元件(如酶、抗体、抗原、微生物、细胞、组织、核酸等生物活性物质)、适当的理化换能器(如氧电极、光敏管、场效应管、压电晶体等)及信号放大装置构成的。生物传感器具有接收器与转换器的功能。生物传感器按照分子识别元件(敏感元件)可分为酶传感器、微生物传感器、细胞传感器、组织传感器、免疫传感器五类；按照换能器(信号转换器)分有生物电极传感器、半导体生物传感器、光生物传感器、热生物传感器、压电晶体生物传感器等；按照被测目标与分子识别元件的相互作用方式分有生物亲和型生物传感器、代谢型或催化型生物传感器。生物传感器的应用不是仅限于生物技术领域(如原材料及代谢产物的测定、微生物细胞数目的测定)，还应用于环境监测(如水环境监测、大气环境监测)、医疗卫生(如临床医学、军事医学)和食品检验(如食品成分、食品添加剂、有害毒物及食品鲜度等的测定分析)等。发酵工业所用的传感器还应满足一些特殊要求，如插入罐内的传感器必须能经受高压蒸汽灭菌；传感器结构不能存在灭菌不透的死角，以防染菌；传感器对测量参数要敏感、响应快；传感器性能要稳定、受气泡影响小；探头安装使用和维修方便，探头材料不易老化，使用寿命长；最好能在过程中随时校正；价格合理，便于推广应用。

## 项目描述 🖱

工业上的发酵泛指利用微生物大规模生产某些产品的过程。发酵生产的水平受生物因素(营养要求、生长速率、呼吸强度、产物合成速率等菌株特性)和外部环境因素(设备性能、工艺条件)两部分决定，其中，起决定性作用的是生产菌种的性能，但是有了优良的菌种之后，还需要有最佳的环境条件即发酵工艺相配合，才能使菌种的生产能力充分地表现出来。因此，必须研究生产菌种的最佳发酵工艺条件(如营养要求、培养温度、pH条件、对氧的需求等)，并在发酵过程中通过过程调节达到最适水平的控制。

## 学习目标 🎯

(1)掌握常见发酵参数的类型与特点。

(2)理解温度、pH值、溶氧、泡沫等条件对发酵的影响及其控制优化机理。

(3)能够利用相关仪器设备进行温度、pH值、溶氧浓度及菌体浓度等常见发酵参数的测定。

(4)能够按操作规程对温度、pH值、溶氧等发酵条件进行控制。

(5)能够正确地进行发酵生产数据的记录和分析处理。

(6)了解发酵过程染菌的危害及引起染菌的原因。

(7)掌握发酵过程中杂菌污染的预防措施。

(8)掌握发酵过程中不同情况染菌的挽救措施。

(9)能够根据发酵的异常现象判断是否染菌。

(10)能够进行发酵染菌的无菌检测。

## 知识链接

# 知识点一　发酵过程中的重要参数

微生物发酵过程的生化反应常会受到环境条件的影响，发酵过程中各种参数是不断变化的，要对发酵过程进行控制，必须了解微生物在发酵过程中的代谢变化规律，这需要通过各种监测手段，如取样测定随时间变化的菌体浓度，糖、氮消耗与产物浓度，以及采用传感器测定发酵罐中的温度、pH 值、溶氧等，从而掌握菌种在发酵过程中的变化规律，并予以手动或自动有效控制，使生产菌种处于产物合成的优化环境中，使其生产能力得到充分的发挥。

发酵参数按性质分，有物理参数(包括温度、压力、黏度、浊度、搅拌转速、空气流量等)、化学参数(包括 pH 值、溶氧浓度、基质浓度、产物浓度等)、生物参数(包括菌丝形态、菌体浓度、菌体比生长速率等)；按检测手段分，有直接参数和间接参数。

## 一、常见物理参数

### 1. 温度

发酵罐中温度测定常采用水银温度计、热电偶、热敏电阻及金属电阻温度计等测温装置。普通的水银温度计虽然价格低、准确性高，但测量结果很难转化为电信号，难以实现温度的自动控制。目前，发酵罐普遍采用具有直流输出信号的温度传感器，如热电偶、热敏电阻及金属电阻温度计，并可通过与其相偶联的电磁阀等执行机构自动控制发酵温度。

### 2. 压力

目前，电阻式、电容式和电阻应变压力传感器等都能耐受高压蒸汽灭菌，但有的不具备足够的温度补偿功能，所以难以在发酵罐中使用。目前，发酵罐中普遍采用的是结构简单、耐高压蒸汽灭菌的薄膜式压力计，用以测量罐压和发酵系统管路的压力，测得的气动信号可直接或通过简单的装置转换为电信号，通过与其相偶联的罐压调节阀能实现罐压的自动控制。

### 3. 空气流量

发酵工业常用于测定空气流量的是转子流量计，其浮动转子的位置可以通过电容或电阻原理转换为电信号，信号经过放大之后，通过与之相偶联的控制器可以实现对气体流量的自动控制；也有利用空气流经受热的电热丝产生温差，再经热电偶或热敏电阻转变成反映流量大小的电信号这种原理设计的空气测量装置。

### 4. 搅拌转速

一般小罐的搅拌器转速要比大罐快一些。搅拌器转速可采用测速发电机测定，测速发电机与搅拌器轴连接，根据输出电压值高低表示转速的快慢，使用时应对仪表的刻度盘进行校正。

### 5. 搅拌功率

一般大型发酵罐搅拌功率的测定是将瓦特计连接在搅拌器的电动机轴上来测量其功率消耗的，这是一种近似测量，但是在大型发酵罐上是可行的。实验室小型发酵罐则用扭力功率计（安装在发酵罐外）或应变计（安装在发酵罐内搅拌轴上）来测量，应变计价格较高，但较准确，所以仍值得应用。

### 6. 浊度

浊度对有些产品的生产是很重要的一个控制参数，它能及时反映细胞的生长状况。目前，浊度测定只限于定时取样的离线测定方法，一般可用比浊计或分光光度计测定，这种方法不能及时反映发酵罐内的浊度变化。发酵罐内原位测量浊度存在培养基残渣沉积于测量探头上等问题，限制了其使用，但是采用单一光源（由多股光导纤维束组成的光导管）的差示（双重）测量浊度能对这一问题有所克服。

### 7. 泡沫

发酵罐内泡沫的形成常用泡沫电极进行检测，并通过与其相偶联的消泡装置或消泡剂添加装置实现对泡沫的自动控制。泡沫电极有电导式、电容式、热导式、超声波式和转盘式等，应用最多的是电容式和电导式泡沫电极。

### 8. 料液流量

发酵过程中补料、酸、碱、消泡剂等流体的流量测定常用液体质量流量计、电磁流量计、旋涡流量计、转子流量计等，以及通过测定发酵罐的质量变化间接测定料液流量的应变器。

## 二、常见化学参数

### 1. pH 值

发酵液 pH 值测定常采用能耐受高压蒸汽灭菌、可进行在线测量复合玻璃参比电极，是一种电化学传感器。高压蒸汽灭菌会造成 pH 电极的阻抗升高、转换系数下降，进而造成测量误差，因此，一般好的电极也只能耐受 30～50 次高温灭菌，再继续使用会使测量误差显著增大，有人提出采用化学方法消毒以延长电极使用寿命。

### 2. 溶氧浓度

导管法、质谱电极法、电化学法是发酵液溶氧浓度常用的检测方法，其中电化学法在发酵工业中应用最为普遍。目前，常用的隔膜氧电极有极谱型氧电极和原电池型氧电极。氧电极输出电流信号先送至溶解氧放大器，将信号放大，然后将电极电流信号转换为反映溶氧浓度的电信号，最后通过显示器显示出来。

### 3. 基质浓度

基质即培养微生物的营养物质，是菌体生长和产物形成的物质基础。基质的组成和浓度对发酵过程有很大的影响。在发酵过程中，必须根据产生菌的特性和各个产品生物合成的要求，对基质的品种及用量进行深入细致的研究，定时测定糖（还原糖和总糖）、氮（氨基氮或铵氮）等基质的浓度，方可取得良好的控制和发酵效果。

## 三、常见生物参数

### 1. 菌丝形态

菌丝形态是衡量种子质量、区分发酵阶段、控制发酵过程的代谢变化和决定发酵周期长短的依据之一。

### 2. 菌体浓度

菌体浓度是控制微生物发酵的重要参数之一，特别是对抗生素次级代谢产物的发酵。常根据菌体浓度来决定适合的补料量和供氧量。

## 知识点二　发酵过程温度的调控

温度是影响微生物生长繁殖最重要的因素之一，究其原因是任何生化酶促反应都受温度的直接影响。温度是重要的发酵控制条件之一，为得到好的发酵效果，就需要保证适宜的温度环境。

### 一、发酵过程温度的变化

发酵热是引起发酵过程温度变化的原因。发酵热会引起发酵液的温度上升，发酵热越大，温度上升越快；发酵热越小，温度上升越慢。

在发酵工业生产中，微生物对培养料的分解利用、机械搅拌都会产生一定的热量，同时，由于发酵罐罐壁的散热、水分的蒸发等会丧失一部分热量。将发酵过程中释放出来的引起温度变化的净热量（各种产生的热量和各种散失的热量的代数和）称为发酵热（$Q_{发酵}$），单位是 $J/(m^3 \cdot h)$。

发酵热包括生物热、搅拌热、蒸发热和辐射热。

#### 1. 生物热（$Q_{生物}$）

生物热是指微生物在生长繁殖过程中，自身产生的热量。生物热的产生过程是菌体对碳水化合物、脂肪、蛋白质等营养物质分解氧化会产生能量，其中一部分用于合成高能化合物（如ATP），供给细胞合成和代谢产物合成的能量所需，其余一部分以热的形式散发出来，散发出来的热量就叫作生物热。

生物热的大小与微生物种类、发酵类型、菌体的呼吸强度、培养时间、培养基成分等因素有关。一般生物热会随着菌种和培养条件的不同而不同，同一菌株在相同条件下，菌种活力强，培养基丰富，菌体代谢旺盛，营养物利用速度大，产生热量多。通常，微生物进行有氧呼吸产生的热比厌氧发酵时多。

在发酵过程中，生物热的产生具有强烈的时间性和阶段性。发酵初期，菌体处于孢子发芽和适应期时，菌数少，呼吸作用缓慢，产生的热量较少；发酵旺盛期，菌体处于对数生长期，繁殖迅速，菌数多，呼吸作用强烈，产生的热量多，温度上升快，对数生长期释放的发酵热最大（常作为发酵热平衡的主要依据），必须注意控制温度；发酵后期，菌体已基本停止繁殖，逐步衰老，主要靠菌体内的酶系进行代谢作用，产生热量不多，温度变化不大，且逐渐减弱。另外，利用生物热产生的规律来监控发酵过程，例如，若培养前期温度上升缓慢，说明菌体代谢缓慢，发酵不正常；若发酵前期温度上升剧烈，则有可能染菌。

#### 2. 搅拌热（$Q_{搅拌}$）

搅拌热是指在机械搅拌式通气发酵罐中，发酵液会在机械搅拌的带动下做机械运动，造成液体之间、液体与搅拌器等设备之间的摩擦作用，而产生的热量，单位为kJ/h。搅拌热与搅拌轴功率有关，可用下式计算：

$$Q_{搅拌} = P \times 3\ 601 \tag{6-1}$$

式中　$P$——发酵罐的搅拌轴功率（kW）；

3 601——机械能转变为热能的热功当量[kJ/(kW·h)]。

有时，搅拌热也可从电动机的电能消耗中扣除部分其他形式的能的散失后，得其估计值。

### 3. 蒸发热($Q_{蒸发}$)

蒸发热是指向发酵罐内通气时，进入发酵罐的空气与发酵液广泛接触后，引起发酵液水分蒸发所需的热量，单位是 kJ/h。蒸发热可按下式计算：

$$Q_{蒸发} = q_m(H_{出} - H_{进}) \tag{6-2}$$

式中　$q_m$——通入发酵罐中空气的质量流量[kg(干空气)/h]；

　　　$H_{出}$、$H_{进}$——分别为发酵罐排气、进气的热焓[kJ/kg(干空气)]。

### 4. 辐射热($Q_{辐射}$)

辐射热是指由于发酵罐内温度与罐外环境大气间的温度差异，而使发酵液通过罐体向大气辐射的热量。辐射热的大小取决于罐内温度与罐外环境温度的差值的大小，差值越大，散热越多。一般冬季比夏季大，但不超过发酵热的5%。

综上所述，在发酵过程中，既有产生热能的因素(生物热和搅拌热)，又有散失热能的因素(蒸发热和辐射热)。发酵热是发酵过程中释放出来的净热量，即产生的热能减去散失的热能就是发酵热。

所以，$Q_{发酵} = Q_{生物} + Q_{搅拌} - Q_{蒸发} - Q_{辐射}$。

发酵热是发酵温度变化的主要因素。由于生物热在发酵过程中是随时间变化的，所以发酵热在整个发酵过程中也随时间变化，从而引起发酵温度的波动。

## 二、温度对发酵过程的影响

温度对微生物发酵的影响是多方面的，主要表现在影响细胞生长、产物合成、发酵液的物理性质、生物合成方向及其他发酵条件等方面，最终会影响微生物的生长和产物的形成。

### (一)温度对微生物细胞生长的影响

(1)不同微生物的生长对温度的要求不同，例如，嗜冷菌适应于0～26℃生长，嗜温菌适应于15～43℃生长，嗜热菌适应于37～65℃生长，嗜高温菌适应于65℃以上生长。每种微生物对温度的要求可用最适温度、最高温度、最低温度来表征，在最适温度下，微生物生长迅速；超过最高温度，会使微生物细胞内蛋白质发生变性或凝固，微生物生长会受抑制或死亡；在最低温度范围内微生物尚能生长，但速度非常缓慢，世代时间无限延长。

(2)在最低和最高温度之间，微生物的生长速率会随温度升高而增加，这主要是因为微生物生长代谢与繁殖都是酶促反应，温度升高会加速反应，菌体呼吸作用加强，细胞生长繁殖会加快，通常在生物学范围内温度每升高10℃，酶反应速度增加2～3倍，微生物生长速度加快1倍；超过最适温度后，随温度升高，酶失活的速度也越快，生长速率下降，菌体衰老提前，发酵周期缩短，这对发酵生产极为不利。

另外，处于不同生长阶段的微生物对温度的反应不同。迟滞期的细菌对温度的反应十分敏感，处于最适生长温度附近，迟滞期会缩短，在低于最适温度的环境中，延滞期会延长；对数生长期的微生物在最适生长温度范围内，提高培养温度有利于其生长，但超过最适生长温度，其生长速率开始迅速地下降。

### (二)温度对产物合成的影响

发酵过程的反应速率实际是酶反应速率，酶反应都有一个最适温度。抗生素在发酵过程中，产物形成速率对温度反应最为敏感，过高或过低的温度都会使其生产速率下降。通常，同一种生产菌，菌体生长繁殖的最适温度和代谢产物积累的最适温度也不相同，例如，青霉素发酵时，菌体生长繁殖温度为27~28 ℃，抗生素积累温度是26 ℃；谷氨酸生产菌最适生长温度为30~32 ℃，产谷氨酸的最适温度是34~37 ℃。

### (三)温度对发酵液物理性质的影响

温度除直接影响过程的各种反应速率外，还通过改变发酵液的物理性质间接影响发酵过程的各种反应速率。例如，发酵液的黏度会随着温度的升高而增大，气体在发酵液中的溶解度减小，氧的传递速率也会改变。另外，温度还影响基质的分解速率，以及菌体对养分的分解和吸收速率，间接影响产物的合成。例如，在25 ℃时菌体对硫酸盐的吸收最少。

### (四)温度对生物合成方向的影响

在发酵过程中会出现同一个生产菌株在不同的发酵温度下产生不同的代谢产物的现象。例如，金色链霉菌同时能产生金霉素和四环素，当温度低于30 ℃时，这种菌合成金霉素能力较强，随着温度的提高，合成四环素的比例也提高，即合成四环素的比例随温度的升高而增大，当温度达到35 ℃时，金霉素的合成几乎停止，只产生四环素。因此，发酵生产过程中要重视温度的调节控制。

另外，温度与菌体的调节机制也有关系。例如，20 ℃低温下，氨基酸合成途径的终产物对第一个酶的反馈抑制作用比在正常生长温度37 ℃下更大。利用此特性，可以在抗生素发酵后期降低温度，加强氨基酸的反馈抑制作用，使蛋白质和核酸的合成途径提前关闭，使代谢更有效地转向抗生素的合成。温度能影响细胞中酶系组成及酶的特性，例如，采用米曲霉制曲时，温度控制在低限，蛋白酶合成有利，α-淀粉酶活性受抑。

## 三、发酵过程温度的控制

### (一)最适温度的选择

发酵的最适温度是指最适于微生物的生长或发酵产物的合成的温度。这是一种相对概念，是在一定条件下测得的结果，会受到微生物的种类、生长阶段、培养条件、菌体生长状况等因素的影响。

微生物种类不同，所具有的酶系及其性质不同，所要求的温度范围也不同。例如，黑曲霉生长温度为37 ℃，谷氨酸棒状杆菌为30~32 ℃，青霉菌为28 ℃。另外，菌体在不同生长阶段对温度的要求也不同，在发酵前期，尤其是刚接种时，可以取稍高的温度，促使菌体的呼吸与代谢，使菌体迅速生长繁殖，而且此时发酵温度大多数是下降的，当发酵温度表现为上升时，将温度控制在微生物的最适生长温度；在发酵旺盛期，菌量已达到合成产物的最适量，温度可控制的比最适生长温度低一些，即将温度控制在代谢产物合成的最适温度，能推迟菌体衰老，延长产物合成的时间，从而提高产量；在发酵后期，温度会下降，产物合成能力降低，发酵成熟即可放罐。

温度选择还要根据培养条件综合考虑，灵活选择，例如，通气条件差时可适当降低发酵温度，使菌体呼吸速率降低些，溶氧浓度也可高些，减少对氧的消耗量，从而弥补了因通气不足而造成的代谢异常；营养丰富，通气能满足，前期温度可高些，以利于菌体的生长；培养基稀薄时，温度也该低些，以免温度高菌体利用营养快，会过早自溶，产生产物合成提前终止的发酵异常问题。温度选择也要考虑菌体的生长情况，菌体生长快，维持在较高温度时间要短些；菌体生长慢，维持在较高温度时间可长些。

菌体的最适生长温度和最适产物合成的温度往往也是不一致的。例如，乳酸发酵时，乳酸链球菌的最适生长温度为34 ℃，产酸量最多的温度为30 ℃，发酵速率最高的温度为40 ℃；谷氨酸发酵中，生产菌的最适生长温度为30~34 ℃，谷氨酸合成的最适温度为36~37 ℃；青霉素发酵时，产黄青霉的最适生长温度通常为 28 ℃，而青霉素合成的最适温度为 26 ℃。因此，生产中应考虑在不同的菌体培养阶段，分阶段控制发酵温度，以获得较高的产量。

总体来说，在各种微生物的培养过程中，各发酵阶段最适温度的选择要根据菌种、生长阶段及培养条件综合考虑，同时，还需通过不断的生产实践才能掌握其规律。通常还要根据菌种与发酵阶段做试验，通过反复实践以确定最适温度。

### (二)发酵温度的控制

最适温度确定之后，生产上常利用专门的换热设备、控制设备来进行调温、控温。工业生产上，大型发酵罐因发酵中释放了大量的发酵热，而常常需要冷却降温；对于小型种子罐或发酵前期，在散热量大于菌种所产生的发酵热时，尤其是气候寒冷的地区或冬季，则需用热水保温。

目前，发酵罐的温度控制主要有罐内、罐外两种换热方式。罐内换热主要采用蛇管或列管式换热装置，适用于体积在 10 m³ 以上的发酵罐；罐外换热主要用夹套式换热装置，常用于体积小于 10 m³ 的发酵罐；或采用将发酵液引出罐外，在罐外用换热效率较高的换热器(如螺旋板式换热器)对发酵液进行集中换热，之后再通过泵或压差将发酵液打回发酵罐的循环换热方式。

发酵过程的恒温控制常用自动化控制或手动调整阀门来控制冷却水的流量大小，以平衡时刻变化的发酵温度，维持恒温发酵。但是，气温较高(尤其是我国南方的夏季气温)且冷却水的温度又高时，这种冷却效果很差，达不到预定的温度，此时，可采用冷冻盐水进行循环式降温，以迅速降到最适温度。大型工厂需要建立冷冻站，提高冷却能力，以保证在正常温度下进行发酵。

# 知识点三　发酵过程 pH 值的调控

发酵液中 pH 值的变化是微生物代谢状况(基质代谢、产物合成、细胞状态、营养状况、供氧状况等)的综合反映。pH 值对微生物的生长繁殖、产物代谢都有影响，是十分重要的状态参数。

## 一、发酵过程中 pH 值的变化及影响因素

### (一)发酵过程中 pH 值的变化规律

在发酵过程中，在一定温度及通气条件下微生物对培养基中碳、氮源等营养物的利用，以及有机酸或氨基氮等物质的积累，会使发酵液 pH 值产生一定的变化。一般在正常情况下，在微生物生长及产物合成的合适环境下，微生物本身具有一定的调节 pH 值的能力，会使 pH 值处于比较适宜的状态。所以，发酵过程中 pH 值的变化具有一定的规律性。其一般规律如下。

(1)菌体生长阶段：在此阶段，发酵液的 pH 值变化较大，由于菌种的不同，相对于接种后起始 pH 值而言，发酵液 pH 值有上升(如蛋白胨利用过程中产生的铵离子)或下降(如葡萄糖利用过程中产生的有机酸)趋势。例如，利福霉素 B 发酵起始 pH 值为中性，之后菌体产生蛋白酶，水解培养基中蛋白胨生成铵离子使 pH 值上升为碱性，然后随着菌体量的增多、铵离子的利用，以及有机酸的积累(葡萄糖利用过程中产生)，pH 值下降到酸性范围(pH 值为 6.5)，此时有利于菌的生长。

(2)菌体生产阶段：一般发酵液 pH 值趋于稳定，维持在最适产物合成的范围。

(3)菌体自溶阶段：随着培养基中营养物质的耗尽，菌体细胞内的蛋白酶的积累与活跃，微生物趋于自溶，造成培养液中的氨基氮增加，pH 值上升。

由此可见，在适合微生物生长和合成产物的环境条件下，菌体本身具有一定调节 pH 值的能力，从而使 pH 值处于适宜状态。但是当外界条件变化过于剧烈时，菌体就会失去调节能力，发酵液的 pH 值就会发生波动。

### （二）发酵过程中 pH 值变化的原因

在发酵过程中，pH 值变化取决于微生物的代谢、培养基的成分、微生物的活动、培养发酵条件等因素。另外，通气条件的变化，菌体自溶或杂菌污染都可能引起发酵液 pH 值的变化。

#### 1. 基质代谢

糖代谢，尤其是快速利用的糖，能分解成小分子酸、醇，使 pH 值下降；糖缺乏，pH 值会上升，这也是补料的标志之一。氮代谢时，当氨基酸中的 $-NH_2$ 被利用后使 pH 值下降；若尿素被分解成 $NH_3$，pH 值上升；$NH_3$ 被利用后 pH 值会下降；当碳源不足氮源被当作碳源利用时 pH 值上升。通常，pH 值变化与碳氮比直接有关，高碳源培养基倾向于向酸性 pH 值转移，高氮源培养基倾向于向碱性 pH 值转移。

另外，生理酸性物质或生理碱性物质被利用后也会导致 pH 值下降或上升。如醋酸根、磷酸根等阴离子被吸收或氮源被利用后产生 $NH_3$，则 pH 值上升；$NH_4^+$、$K^+$ 等阳离子被吸收或有机酸的积累，使 pH 值下降。

#### 2. 产物形成

微生物代谢生成的某些产物本身具有酸性或碱性，导致发酵液 pH 值变化。例如，有机酸及青霉素等呈酸性的抗生素的生成会使 pH 值下降，红霉素、洁霉素、螺旋霉素等呈碱性的抗生素的积累，会使 pH 值上升。

#### 3. 菌体自溶

发酵到后期，培养基中营养物质耗尽，菌体细胞内蛋白酶比较活跃，菌体自溶，造成发酵液中的氨基氮增加，pH 值上升。

另外，通风充分，搅拌强度高，通气量大，营养物氧化彻底，产酸少，pH 值高；反之，pH 值低。

总之，发酵液的 pH 值变化是各种反应的综合性结果。

## 二、pH 值对发酵过程的影响

不同的微生物对 pH 值要求是不同的。每种微生物都有其生长最适的 pH 值范围和耐受的 pH 值。例如，大多数细菌的最适 pH 值为 6.5～7.5，放线菌的最适 pH 值为 6.5～8.0，霉菌的最适 pH 值为 4.0～5.8，酵母菌的最适 pH 值为 3.8～6.0。若培养液的 pH 值不合适，微生物的生长就会受到影响，而且还会导致杂菌污染。例如，石油代腊酵母在 pH 值为 3.5～5.0 时生长良好，且不易染菌；pH 值大于 5.0 时，菌体形态变小，发酵液变黑，易被大量细菌污染；pH 值小于 3.0 时，酵母生长受到严重的抑制，细胞极不整齐，出现细胞自溶。

同一种微生物，pH 值不同时，代谢产物也不同。例如，酵母菌在 pH 值为 4.5～5.0 时发酵产物主要是酒精；在 pH 值为 8.0 时，发酵产物除酒精外，还有醋酸和甘油。

微生物生长的最适 pH 值和发酵产物形成的最适 pH 值常常是不一致的。例如，青霉素产生菌生长最适 pH 值为 3.5～6.0，而青霉素合成的最适 pH 值为 7.2～7.4。四环素的产生菌生长最适 pH 值为 6.0～6.8，产物合成最适 pH 值为 5.8～6.0。

pH 值对微生物生长繁殖和代谢产物合成的影响，究其原因，主要有以下几个方面。

### （一）pH 值影响微生物细胞内的酶的活性

当 pH 值抑制菌体某些酶的活性时会使其新陈代谢受阻。pH 值对微生物细胞内酶活性的影

响是由培养基中 $H^+$ 或 $OH^-$ 间接作用来产生的。培养基的 $H^+$ 或 $OH^-$ 首先作用在胞外的弱酸(或弱碱)上，使之成为易于透过细胞膜的分子状态的弱酸(或弱碱)，然后进入细胞，之后解离产生 $H^+$ 或 $OH^-$，改变胞内原先存在的中性状态，影响酶蛋白的解离度和电荷情况，改变酶的结构和功能，引起酶活性的改变，进而影响菌体的生长繁殖和产物的合成。

### (二)pH 值影响细胞膜的通透性

pH 值会影响微生物细胞膜所带电荷的状况，从而改变细胞膜的通透性，影响微生物对营养物质的吸收及代谢物的排泄，进而影响微生物的生长及新陈代谢的正常进行。

### (三)pH 值影响微生物对物质的吸收和利用

pH 值对培养基中某些重要的营养成分和中间代谢物的解离有影响，从而影响到微生物对这些物质的吸收和利用。构成微生物细胞的各种物质大多在水中一边解离，一边保持一定的平衡，pH 值对这些物质的解离或平衡有着重要的影响，进而影响微生物对它们的吸收，从而引起微生物代谢过程的改变，对代谢产物的产量和质量产生影响。

另外，pH 值对菌体的细胞结构也有影响，如产黄曲霉的细胞壁的厚度就随 pH 值的增加而减小。pH 值会影响微生物的代谢方向，pH 值不同，往往引起菌体的代谢过程不同，使代谢产物的质量和比例发生改变。例如，黑曲霉在 pH 值为 2~3 时代谢生成柠檬酸，而在 pH 值近中性时生成草酸。谷氨酸发酵时，在中性和微碱性条件下积累谷氨酸，在酸性条件下则容易形成谷氨酰胺和 N-乙酰谷氨酰胺。与温度对发酵影响类似，pH 值对产物稳定性也有影响。

## 三、发酵过程中 pH 值的控制

### (一)最适 pH 值的确定

与温度类似，微生物也有生长繁殖和产物合成的最适 pH 值。这主要是因为发酵是多酶复合反应系统，各酶的最适 pH 值也不相同，故同一菌种，生长最适 pH 值可能与产物合成的最适 pH 值是不同的。并且发酵的 pH 值又随菌种和产品的不同而不同。发酵过程中应按照不同阶段的要求分别控制在不同的 pH 值范围，使产物的产量达到最大。

最适 pH 值的选择应既有利于菌体的生长繁殖，又可最大限度地获得高的产量。最适 pH 值一般是根据实验结果来确定的，具体过程：通常将发酵培养基调节成不同的起始 pH 值，在发酵过程中通过定时测定与调节，或利用缓冲剂，将发酵液的 pH 值维持在起始 pH 值，最后观察菌体的生长情况，菌体生长达到最大值的 pH 值即菌体生长的最适 pH 值。类似地，产物形成的最适 pH 值也可依照此法进行确定。在确定最适 pH 值时，不定期要考虑培养温度的影响，若温度提高或降低，最适 pH 值也可能发生变动。另外，同一产品的最适 pH 值，还与所用的菌种、培养基组成和培养条件有关。

### (二)pH 值的控制方法

发酵生产中，pH 值的调节和控制方法要根据具体情况进行选择，具体有以下几种。

(1)调节好基础料的 pH 值。即调节培养基的原始 pH 值，具体可以加入维持 pH 值的物质，如采用生理酸性铵盐做氮源时，$NH_4^+$ 被利用，pH 值会下降，可加 $CaCO_3$ 来调节，但加入量一般较大，操作上易染菌，在发酵生产中应用不太广；有时可以在培养基中加入具有缓冲能力的试剂，如磷酸缓冲液等，或者选用代谢速度不同的碳源与氮源种类和比例来实施 pH 值调节。培养基在灭菌后 pH 值会降低，所以在消泡前往往要将 pH 值适当调高一些。

(2)通过在发酵过程中加入弱酸或弱碱调节 pH 值，合理控制发酵。

(3)通过调整通风量来控制 pH 值。

（4）通过补料调节 pH 值。仅用酸或碱调节 pH 值不能改善发酵情况，且补料与调节 pH 值没有矛盾时，可采用补料调节 pH 值。这样做既能调节发酵液的 pH 值，又能补充营养，增加培养基的总浓度，减少阻遏作用，进而提高发酵产物的得率，一举多得。例如，添加氨水、尿素，氨水作用快，对发酵液的 pH 值波动影响大，应少量多次添加，通常根据微生物的特性、发酵过程的菌体生长情况、耗糖情况等来决定，常用自动控制连续流加的方法；尿素是目前国内味精厂普遍采用的流加氮源，同时用于调节 pH 值，其变化规律易操控。采用补料来控制 pH 值时，除考虑 pH 值的变化外，还要考虑微生物细胞的生长、发酵过程耗糖、代谢的不同阶段等因素，采用少量多次流加来控制。

有时，pH 值控制可采用一些应急措施，如改变搅拌转速或通风量，以改变溶氧浓度，控制有机酸的积累量及其代谢速率；改变加入的消泡油用量或加糖量等，调节有机酸的积累量；改变罐压及通风量，改变溶解二氧化碳浓度；改变温度，以控制微生物的代谢速率。

目前，pH 值可以连续在线测定，并可反馈自动添加酸或碱来调节 pH 值，将其控制在最小的波动范围内。

# 知识点四　发酵过程溶氧的调控

发酵工业中使用的菌种多数是好氧菌，通常需要供给大量的空气才能满足菌体对氧的需求，因此，生产上如何保证氧的供给，以满足生产菌对氧的需求，是稳定和提高产量、降低成本的关键之一。

## 一、溶氧对发酵过程的影响

### （一）溶氧量

氧是细胞呼吸的底物，氧浓度的变化对细胞影响很大，也反映了设备的性能。溶氧量是指溶于培养液中的氧，常用绝对含量表示，也可用饱和氧浓度的百分数表示。

溶解氧对菌体生长的影响是直接的，适宜的溶氧量保证菌体内的正常氧化还原反应。溶氧量少，将导致能量供应不足，微生物将从有氧代谢途径转化为无氧代谢来供应能量，由于无氧代谢的能量利用率低，同时，碳源物质的不完全氧化产生乙醇、乳酸、短链脂肪酸等有机酸，这些物质的积累将抑制菌体的生长与代谢。溶氧量偏高，可导致培养基过度氧化，细胞成分由于氧化而分解，也不利于菌体生长。

氧的溶解度会随着温度的升高而下降，随着培养液固形物的增多或黏度的增加而下降。微生物只能利用溶解在发酵液中的氧，这就决定了大多数微生物深层培养需要适当的通气条件，才能维持一定的生产水平。发酵时，每小时每立方米培养液中需氧量是其溶解量的 750 倍，如果中断供氧，菌体会在几秒内耗尽溶氧，使溶解氧成为限制因素。因此，氧气的供应往往是发酵能否成功的重要限制因素之一。随着高产菌株的广泛应用和丰富培养基的采用，对氧气的要求更高。

### （二）微生物对氧的需求

氧在发酵液中的溶解过程：气态氧首先从气泡中通过扩散溶入发酵液中，变成液体中的溶氧，再进入微生物细胞内，最后被利用。

氧是微生物细胞的组成成分及各种产物的构成元素，也是生物能量代谢的必需元素，是生物体生存的重要元素。另外，氧还作为反应物直接参与一些生物合成反应。

微生物对氧的需求，即需氧量（耗氧量）、耗氧速率主要受菌体代谢活动变化的影响。微生物的耗氧量（需氧量）常用呼吸强度和耗氧速率两个物理量来表示。

呼吸强度与耗氧速率两者关系为

$$r = Q_{O_2} \cdot c(x) \tag{6-3}$$

式中　$r$——微生物的耗氧速率，是指单位体积培养液在单位时间内的吸氧量$[mmol\ O_2/(L \cdot h)]$；

　　　$Q_{O_2}$——菌体呼吸强度，是指单位质量干菌体在单位时间内所吸取的氧量$[mmol\ O_2/(g \cdot h)]$；

　　　$c(x)$——发酵液中菌体浓度（g/L）。

微生物的需氧量受其本身的遗传特性、发酵液的溶氧浓度、菌龄、培养基的营养成分与浓度、有害物质的形成与积累、培养条件、挥发性中间产物的损失等因素的影响。

在发酵过程中，不需要使溶氧浓度达到或接近饱和值，而只要超过某一临界氧浓度即可。临界溶氧浓度是指满足微生物呼吸的最低氧浓度；对产物而言，是指不影响产物合成所允许的最低浓度。当不存在其他限制性基质时，如果溶氧浓度高于临界值，细胞的比耗氧速率保持恒定；若溶氧浓度低于临界值，细胞的比耗氧速率大大下降，这时细胞处于半厌氧状态，微生物的呼吸速率随溶氧浓度降低而显著下降。临界溶氧浓度不仅取决于微生物本身的呼吸强度，还受到培养基的组分、菌龄、代谢物的积累、温度等其他条件的影响。一般好氧微生物临界溶氧浓度很低，为 0.003～0.05 mmol/L，需氧量一般为 25～100 mmol/(L·h)。发酵行业常将在一定的温度、罐压和通气搅拌下，消毒灭菌后的发酵液充分通风搅拌达到饱和时的溶氧水平定为 100%。好氧微生物临界氧浓度是饱和浓度的 1%～25%，如细菌和酵母为 3%～10%，放线菌为 5%～30%，霉菌为 10%～15%。对于微生物生长，只需要控制发酵过程中空气氧饱和度（发酵液中氧的浓度/临界溶氧浓度）>1。通常，呼吸临界氧值并不一定与产物合成临界氧值相同。呼吸临界氧值可采用尾气 $O_2$ 含量变化和通气量测定。

### （三）溶解氧的影响因素

#### 1. 影响需氧因素

一般发酵前期的需氧量比中后期的需氧量要大得多。菌体浓度与需氧量成正比关系，菌体浓度越大，微生物总体的呼吸量越高，所需的氧气量也就越大；反之，菌体浓度小，其需氧量就小。

不同品种的发酵产品的生产菌对氧的要求不同，即使同一菌种的不同菌株对氧的需求也不同。不同种类和不同浓度的碳源对微生物的需氧量影响最明显。当碳源浓度增加时，菌种需氧量增加。例如，发酵中加入补料会增加微生物对氧的需求量。无机成分浓度对微生物的需氧量也有较大影响，例如，磷酸盐浓度升高，金霉素产生菌对氧气的需求也大大增加。发酵液中二氧化碳等代谢产物的形成和积累如果不能及时从培养液中排出，使其在发酵罐中积累，就会抑制微生物的呼吸并对微生物有毒害作用，减小氧的需求量。如使用消泡剂可被微生物利用，则会增强需氧量。发酵中接种量大，微生物生长快，菌丝浓度大，需氧量多；幼龄菌丝的呼吸强度高，需氧量大。

#### 2. 影响供氧因素

供氧是指氧溶于培养液中的过程。氧在培养液中的溶解度很低，对于好氧发酵必须不断地通入空气并搅拌，以满足对溶解氧的需求。

在发酵过程中，温度、搅拌、罐压等都会不同程度地影响发酵液中溶解氧的含量。另外，一般提高空气流速，可提高供氧量，但空气流速过大，搅拌器叶轮发生过载，即叶轮不能分散空气，此时气流形成大气泡在轴的周围逸出。当空气流速超过过载速度后通气效率就不再增加，反而增加动力消耗。提高空气中氧含量可提高溶氧量，即提高氧的供应量。良好的空气分布器可增大氧供应量。

在发酵过程中，菌体本身的繁殖及其代谢可引起发酵液物理性质的不断变化，例如，改变发酵液的表面张力、黏度和离子浓度等，而这些变化会影响气体的溶解度、发酵液中气泡直径和稳定性及其合并为大气泡的速度等。发酵液的性质还影响液体湍动及气液交界面的液膜阻力，显著影响氧的溶解速率。一般发酵液浓度、菌丝浓度加大将会大大降低通气效果。因此，改变发酵液的物理性质也可以提高发酵液的供氧能力。

因此，在发酵过程中，为避免发酵处于限氧条件下，需要考查每种发酵产物的临界氧浓度和最适氧浓度，并将发酵时的溶氧浓度控制在最适浓度范围内。最适溶氧浓度的大小需通过试验确定。

## 二、发酵过程中溶氧的变化

### (一)发酵过程中溶氧的变化规律

一般来说，在确定的设备和发酵条件、发酵方式下，每种微生物对氧气的需要变化均有自己的规律。发酵初期，即迟滞期及对数生长期，菌体大量增殖，氧气消耗大，耗氧量超过供氧量，使溶氧浓度明显下降，出现一个低谷，如谷氨酸发酵的溶氧低谷在发酵后的 6～20 h，抗生素在发酵后的 10～70 h，相应地，菌体的摄氧率同时出现一个高峰，随着发酵液中的菌体浓度不断上升，黏度一般在这个时期也会出现一个高峰阶段，说明菌体处于对数生长期。低溶氧浓度的出现时间随菌种、工艺和设备供氧能力不同而异。过了生长阶段，菌体需氧量有所减少，溶氧浓度经过一段时间的平稳阶段(如谷氨酸发酵)或上升阶段(如抗生素发酵)后，就转入产物形成阶段，溶氧浓度也不断上升。发酵中后期，对于分批发酵来说，由于菌体已繁殖到一定程度，呼吸强度变化不大，进入静止期，若不补加基质，发酵液的摄氧率变化也不大，供氧能力仍保持不变，故溶氧浓度变化比较小；若补入碳源、前体、消泡剂等物料，溶氧浓度就会发生改变，且变化的大小和持续时间的长短，会随着补料时的菌龄、补入物质的种类和剂量的不同而不同，例如，补糖后，菌体的摄氧率就会增加，引起发酵液溶氧浓度下降，经过一段时间后又逐步回升，若继续补糖，溶氧浓度甚至会降到临界氧浓度以下，而成为生产的限制因素。发酵后期，由于菌体大量衰亡，呼吸强度减弱，溶氧浓度也会逐步上升，一旦菌体开始自溶，溶氧浓度上升更为明显。

### (二)发酵过程中溶氧的异常变化

在发酵过程中，溶氧异常变化包括浓度明显下降或明显升高，但常见的是溶氧下降。

引起溶氧异常下降的原因主要有污染好氧杂菌，溶解氧被大量的消耗；菌体代谢发生异常，对氧的需求增加；某些供氧设备或工艺控制发生故障或变化。

在发酵过程中，有时也会出现溶氧异常升高的现象。例如，菌体代谢出现异常(菌体向厌氧代谢途径迁移)，耗氧能力下降，使溶氧上升。尤其是污染烈性噬菌体，影响最为明显。

由上可知，从发酵液中的溶氧浓度的变化可知微生物生长代谢是否正常，工艺控制是否合理，设备供氧能力是否充足等。

## 三、发酵过程中溶氧的控制

发酵液的溶氧浓度是由供氧和需氧两个方面所决定的。发酵液中的供氧和需氧处于动态平衡状态，任何变化都是氧的供需不平衡的结果。因此，要控制好发酵液中的溶氧浓度，需从氧的供需两个方面着手。

### (一)供氧控制

氧的供应是通过改变通气速率、增大空气流量、增加搅拌速度实现的，但要注意避免泡沫的产生。控制发酵罐的罐压，提高无菌空气中的氧含量，增大氧分压也可以提高溶氧浓度。控制发酵液中的菌丝浓度也可调节溶氧浓度，即通过控制培养基浓度来实现菌丝浓度的控制，如青霉素发酵生产就是通过控制补料中葡萄糖浓度来控制发酵液中的菌丝浓度，进而实现溶氧浓度的调节。另外，工业生产中还可以通过调节罐温、排出二氧化碳、改善发酵液的物理性质、液化培养基、中间加水、使用表面活性剂等方法来控制溶氧浓度。

### (二)需氧控制

在发酵过程中，微生物是耗氧的主体，其需氧量受微生物的种类、代谢类型、菌龄、菌体浓度、培养基成分及浓度、培养条件等因素的影响。

一般情况下，发酵液的耗氧速率会随着菌体浓度的增加而增加。控制菌体的比生长速率略高于临界值水平，达到最适菌体浓度，这是控制最适溶氧的重要方法。最适菌体浓度可以通过控制基础培养基组分及补料组分、组成或调节连续流加培养基的速率等来控制菌种的比生长速率，达到控制菌体呼吸强度及菌体浓度的目的，实现供氧和需氧的平衡。

发酵培养基的组成和成分也对菌体需氧量有影响，尤其是碳、氮的组成与比例。氮源丰富，且有机氮源与无机氮源的比例恰当时，菌体比生长速率大，呼吸强度增大，需氧量大。培养基的浓度偏高，即营养丰富，特别是限制性营养物质的浓度得以保证，菌体代谢旺盛，呼吸强度就大，耗氧量大。

另外，菌体耗氧能力也受发酵条件的影响，如温度、pH值等会影响菌体内的酶系活性，会对菌体生长及代谢能力造成影响，影响其对氧的需求。因此，在一定范围内，可以通过调节发酵条件来控制菌体的需氧量。

溶氧浓度与氧的供需有关，若供需平衡，则浓度暂时不变；失去平衡就会改变溶氧浓度。在发酵生产中，供氧量的大小必须与需氧量相协调，使生产菌的生长和产物形成对氧的需求量与设备的供氧能力相适应，以发挥出产生菌的最大生产能力。这对生产实际具有重要的意义。

## 知识点五　发酵过程泡沫的调控

### 一、发酵过程中泡沫的形成及其影响

#### (一)发酵过程中泡沫的形成

在发酵过程中，泡沫产生的原因是好氧发酵时，需要不断通入大量无菌空气，为了达到较好的传质效果，通入的气流在机械搅拌的作用下，被分散成无数的小气泡；发酵过程也会产生二氧化碳等代谢气体，这种情况在代谢旺盛时才比较明显；另外，发酵液中的蛋白质、糖和脂肪等物质也对泡沫的产生及稳定起到了重要的作用。

#### (二)泡沫对发酵的影响

##### 1. 有利的影响

在发酵过程中，由于通气搅拌、发酵产生的二氧化碳及发酵液中糖、蛋白质和代谢物等稳定泡沫的物质存在，使发酵液含有一定数量的泡沫，尤其是搅拌可以使大气泡变为小气泡，能增加气体与液体的接触面积，提高氧传递速率，也有利于二氧化碳气体的逸出。

##### 2. 不利的影响

好氧在发酵过程中产生少量泡沫是正常的，但当泡沫过多时就会产生许多对发酵不利的影

响，主要表现在以下几个方面。

（1）导致产物的损失。在发酵过程中，大量的泡沫若不加控制会引起"逃液"，引起原料浪费、产物的损失。

（2）降低发酵罐的装料系数。为了防止"逃液"，需在发酵设备中留出容纳泡沫的空间，这样会降低发酵罐的装料系数。大多数罐的装料系数为 0.6~0.7，余下的空间用以容纳泡沫。

（3）增加染菌的概率。大量的泡沫上涌至罐顶，顶至轴封或"逃液"，从轴封处落下的泡沫往往引起杂菌污染。上涌的气泡会使排气管中粘上培养基，也易滋生杂菌。染菌严重时会导致倒罐。

（4）增加菌群的非均一性。由于泡沫液位的高低变动，会使处在不同生长周期的微生物随泡沫漂浮，附着在罐壁或罐顶上，改变菌体生长环境（在气相环境中），引起菌的分化，甚至自溶，而被带走的菌体不能再回到发酵液中，使发酵液中的菌体量减少，从而影响了菌群的整体效果。

（5）影响菌体的呼吸。当泡沫稳定，不易破碎，难以消除时，微生物的呼吸代谢产生的气体不能及时排出，气泡中充满二氧化碳，而且又不能与空气中的氧进行交换，影响菌体正常呼吸作用，造成代谢异常，甚至造成菌体提前自溶。而菌体自溶会促使更多的泡沫形成。

因此，控制发酵过程中产生的泡沫，是使发酵过程得以顺利进行和稳产、高产的重要因素之一。

## 二、发酵过程中泡沫的控制

### （一）发酵过程中泡沫形成的影响因素

在发酵过程中，泡沫的形成受通气搅拌的强烈程度、培养基配比与原料组成（培养基性质）等因素的影响。

（1）通气搅拌强烈程度。发酵过程中泡沫的多少与通气搅拌的剧烈程度有关，通气量和搅拌速度越快，泡沫生成的越多，并且搅拌所引起的泡沫比通气来得大。

（2）培养基性质。培养基配比与原料组成、理化性质对于泡沫的形成及多少有一定影响。例如，蛋白胨、玉米浆、花生饼粉、黄豆饼粉、酵母粉、糖蜜等蛋白质原料是主要的发泡因素，其起泡能力随品种产地、储藏加工条件而不同。另外，泡沫的形成还与配比有关，如丰富培养基，尤其是花生饼粉或黄豆饼粉的培养基，黏度比较大，产生的泡沫多而持久。

（3）菌种、种子质量及接种量。菌种或种子质量好，生长速度快，培养基中可溶性氮源能较快被利用，泡沫产生概率也就少。

（4）灭菌质量。若培养基灭菌质量不好，糖氮被破坏，会抑制微生物生长，使菌体自溶，产生大量泡沫，加消泡剂也无效。如糖蜜培养基的灭菌温度从 110 ℃升高到 130 ℃，灭菌时间为 0.5 h，灭菌过程中形成大量蛋白黑色素和 5-羟甲基（呋喃醇）糠醛，致使培养基的发泡系数（用于表征泡沫和发泡液体的技术特性）几乎增加一倍。

（5）染菌。发酵液感染杂菌和噬菌体时，泡沫会特别多。另外，若发酵条件不当，导致菌体自溶，泡沫也会增多。

### （二）泡沫的控制

泡沫的控制可以从以下几个方面进行：控制培养基及原料组成，即调整培养基成分避免或减少易起泡沫的原材料；采用分批补料的方法发酵，以减少泡沫形成的机会；改变发酵的部分理化参数，如温度、pH 值、通气和搅拌等，这些方法的效果有一定的限度；采用菌种选育的方法，筛选不产生流态泡沫的菌种，例如，杂交选育不产生泡沫的土霉素生产菌株，又如单细胞蛋白生产中筛选在生长期不易形成泡沫的突变株来控制泡沫的形成；采用机械消泡或消泡剂消泡两种方法来消除已形成的泡沫。

机械消泡和消泡剂消泡是目前工业上常用的消泡方法。

### 1. 机械消泡

(1)原理：机械消泡是一种物理消泡的方法，即依靠机械力引起强烈振动或压力变化促使泡沫的破裂。

(2)特点：机械消泡的优点在于不需要在发酵液中引进外界物质(如消泡剂)，可降低培养液性质复杂化的程度，也可节省原材料，减少杂菌污染机会及对下游工艺的影响；缺点是不能从根本上消除引起泡沫稳定的因素，机械消泡的效果不理想，仅可作为消泡的辅助方法。

(3)方法：机械消泡一般可分为罐内消泡(内消法)和罐外消泡(外消法)。罐内消泡是靠安装在罐内的消泡桨的转动来打碎泡沫，也可将少量消泡剂加到消泡转子上以增强消沫效果；罐外消泡是将泡沫引出罐外，通过喷嘴的加速作用或利用离心力来消除泡沫。

### 2. 化学消泡

化学消泡是一种利用化学消泡剂进行消泡的方法。大、小规模的发酵生产均适用，易实现自动控制。化学消泡剂来源广泛，消泡效果好，作用迅速可靠，尤其是合成消泡剂效率高，用量少，不需改造现有设备，不耗能，具有很多优点。

(1)原理：消泡剂是表面活性剂，表面活性剂可使气泡膜局部表面张力降低，导致泡沫破灭。

(2)消泡剂的选择依据：一种好的消泡剂必须是表面活性剂，有较低的表面张力，能同时降低液膜的机械强度和降低液膜表面的黏度。消泡剂还要具有一定的亲水性，应该在气—液界面上具有足够大的铺展系数，易于散布在泡沫的表面，才能迅速发挥消泡作用(活性)。消泡剂在水中的溶解度要小，以保持长久的消泡能力；还要作用迅速，效果高和持久性能好。另外，还应考虑消泡剂对菌体无毒，不影响菌体生长和代谢，对人、畜无害和不影响酶的生物合成；不影响氧在培养液中的溶解和传递，不干扰分析系统，如溶解氧、pH值测定仪的探头；对发酵、提取、产品质量和产量无影响，不会在使用、运输中引起任何危害；具有良好的热稳定性；能耐高压蒸汽灭菌而不变性，在灭菌温度下对设备无腐蚀性或不形成腐蚀性产物；来源方便、广泛，价格便宜；添加装置简单等。

(3)常用消泡剂的种类和性能：发酵工业上，常用的消泡剂主要有天然油脂类、高级醇类、聚醚类及硅酮类4大类，另外，还有脂肪酸、磺酸盐和亚硫酸等。其中，以天然油酯类和聚醚类在生物发酵中最为常用。

常用的天然油脂类有玉米油、豆油、米糠油、棉籽油、鱼油和猪油等，除作消泡剂外，还可作为碳源或中间补料。此类消泡剂的消泡能力不强，还需注意油脂的新鲜程度，以免酸败后使用造成菌体的生长和产物合成受抑制。聚醚类消泡剂是应用较多的一类消泡剂，主要有聚氧丙烯甘油和聚氧乙烯氧丙烯甘油(俗称泡敌)，用量一般为$0.03\%\sim0.035\%$，消泡能力比植物油大10倍以上，尤其是泡敌的亲水性好，在发泡介质中易铺展，消沫能力强，但其溶解度也大，消沫活性维持时间较短，在黏稠发酵液中使用效果比在稀薄发酵液中更好。高级醇在水体系里是有效的消泡剂，常用的是十八醇，可单独或与载体一起使用，其与冷榨猪油一起使用能有效控制青霉素发酵的泡沫，聚二醇具有消沫效果持久的特点，尤其适用霉菌发酵。硅酮类消泡剂主要是聚二甲基硅氧烷及其衍生物，其不溶于水，单独使用效果很差，故常与分散剂(微晶$SiO_2$)一起使用，也可与水配成10%的纯硅酮乳液，这类消泡剂适用于微碱性的放线菌和细菌发酵，而在pH值为5左右的发酵液中使用效果较差；另一种硅酮类消泡剂是羟基聚二甲基硅氧烷，曾使用于青霉素和土霉素发酵中。

(4)消泡剂的使用：在发酵过程中，消泡的效果受消泡剂的种类、性质、分子量大小、消泡剂亲水亲油基团、消泡剂的浓度、加入方法、使用浓度和温度等因素的影响。消泡剂的选择和实际使用还有许多问题，应结合生产实际加以注意和解决。

除此之外，还可以从菌体浓度、培养基浓度、二氧化碳含量、补料等方面进行控制。

# 知识点六　发酵过程染菌的处理

发酵生产大多数为纯种培养过程，要求在整个发酵过程无杂菌污染，但是由于发酵生产的环节多，有些生产如好氧性发酵，生产中系统与环境多次接触，很容易染上杂菌而影响生产。染菌是发酵工业长期以来不能彻底解决的问题，因此，如何解决染菌问题就成了发酵工业的工作重点之一。

## 一、染菌对发酵的影响

几乎所有的发酵工业，都有可能遭受杂菌的污染。不同的发酵过程，可污染不同种类和性质的微生物。由于发酵菌种、培养基、发酵条件、生产周期及产物性质的不同，发酵染菌的危害程度也不同；不同污染时间，不同污染途径，污染不同数量的微生物产生的后果也不同。染菌的结果，轻者影响产量或产品质量，重者可能导致倒罐，甚至停产。

染菌对工业发酵危害极大。杂菌消耗大量营养物质，抑制生产菌生长，同时可导致生产菌菌体自溶，产物合成下降；产生大量泡沫，影响发酵过程的通气搅拌，造成逃液；染菌后发酵液发黏，过滤时不能或很难形成滤饼，过滤困难，影响后期分离提取。染菌发酵液中含有比正常发酵液更多的水溶性蛋白和其他杂质，影响产品外观及内在质量；扰乱生产秩序，破坏生产计划，影响工人的情绪和生产积极性。

### （一）染菌对不同发酵过程的影响

（1）青霉素发酵过程：由于许多杂菌都能产生青霉素酶，因此，无论染菌发生在发酵前期、中期或后期，都会使青霉素迅速分解破坏，使目的产物得率降低，危害十分严重。

链霉素、四环素、红霉素、卡那霉素等虽不像青霉素发酵染菌那样一无所得，但也会造成不同程度的危害。例如，杂菌大量消耗营养干扰生产菌的正常代谢；改变 pH 值，降低产量。

灰黄霉素、制霉菌素、克念菌素等抗生素抑制霉菌，对细菌几乎没有抑制和杀灭作用。

（2）核苷或核苷酸发酵过程：由于所用的生产菌种是多种营养缺陷型微生物，其生长能力差，所需的培养基营养丰富，因此容易受到杂菌的污染，且染菌后，培养基中的营养成分迅速被消耗，严重抑制了生产菌的生长和代谢产物的生成。

（3）柠檬酸等有机酸发酵过程：一般在产酸后发酵液的 pH 值比较低，杂菌生长十分困难，在发酵中、后期不太会发生染菌，主要是要预防发酵前期染菌。

（4）谷氨酸发酵过程：周期短，生产菌繁殖快，培养基不太丰富，一般较少污染杂菌，但噬菌体污染对谷氨酸发酵的影响较大。

疫苗生产危害很大。现如今疫苗多采用深层培养，这是一类不加提纯而直接使用的产品，在其深层培养过程中，一旦污染杂菌，无论死菌、活菌或内外毒素，都应全部废弃。因此，发酵罐容积越大，污染杂菌后的损失也越大。

### （二）不同种类的杂菌对发酵的影响

#### 1. 污染噬菌体

噬菌体的感染力很强，传播蔓延迅速，也较难防治，故危害极大。污染噬菌体后，可使发酵产量大幅度下降，严重的造成断种，被迫停产。

### 2. 污染其他杂菌

有些杂菌会使生产菌自溶产生大量泡沫，即使添加消泡剂也无法控制逃液，影响发酵过程的通气搅拌。

有的杂菌会使发酵液发臭、发酸，致使 pH 值下降，使不耐酸的产品被破坏。特别是污染芽孢杆菌，由于芽孢耐热，不易杀死，往往一次染菌后会反复染菌。

例如，青霉素发酵——污染细短产气杆菌比粗大杆菌的危害大；链霉素发酵——污染细短杆菌、假单孢杆菌和产气杆菌比粗大杆菌的危害大；四环素发酵——污染双球菌、芽孢杆菌和荚膜杆菌的危害较大；柠檬酸发酵——最怕污染青霉菌；肌苷、肌苷酸发酵——污染芽孢杆菌的危害最大；谷氨酸发酵——最怕污染噬菌体；高温淀粉酶发酵——污染芽孢杆菌和噬菌体的危害较大。

## (三)染菌发生的不同时间对发酵的影响

染菌时间是指用无菌检测方法准确地检测染菌时间，不是杂菌窜入培养液的时间。杂菌进入培养液后，需有足够的生长、繁殖时间才能显现出来，显现的时间又与污染菌量有关，污染的菌量多，显现染菌所需的时间就短；污染菌量少，显现染菌的时间就长。

### 1. 种子培养期染菌

种子培养主要使微生物细胞生长与繁殖，由于接种量较小，微生物菌体浓度低，生产菌生长一开始不占优势，培养基的营养十分丰富，并且培养液中几乎没有抗生素(产物)或只有很少抗生素(产物)，因而它防御杂菌能力低，容易污染杂菌。若将污染的种子带入发酵罐，则危害极大，因此应严格控制种子染菌的发生。一旦发现种子受到杂菌的污染，应经灭菌后弃去，并对种子罐、管道等进行仔细检查和彻底灭菌。

### 2. 发酵前期染菌

在发酵前期，微生物菌体主要处于生长、繁殖阶段，菌量不多，与杂菌相比没有竞争优势，此时期代谢的产物很少，抵御杂菌能力弱，相对而言这个时期也容易染菌。染菌后的杂菌将迅速繁殖，与生产菌争夺培养基中的营养物质，严重干扰生产菌的正常生长、繁殖及产物的生成，危害最大。在这个时期要特别警惕以制止染菌的发生。

### 3. 发酵中期染菌

发酵中期染菌将会导致培养基中的营养物质大量消耗，并严重干扰生产菌的代谢，影响产物的生成。有的染菌后杂菌大量繁殖，产生酸性物质，使 pH 值下降，糖、氮等的消耗加速；菌体自溶，致使发酵液发黏，产生大量的泡沫，代谢产物的积累减少或停止；有的染菌后甚至会使已产生的产物分解，使发酵液发臭，已生成的产物被利用或破坏。从目前的情况来看，发酵中期染菌一般较难挽救，危害性较大，在生产过程中应尽力做到早发现、快处理。

### 4. 发酵后期染菌

由于发酵后期培养基中的糖等营养物质已接近耗尽，且发酵的产物也已积累较多，如果染菌量不太多，对发酵来说影响相对要小一些，可继续进行发酵。对发酵产物来说，发酵后期染菌对不同的产物的影响也是不同的，如抗生素、柠檬酸的发酵，染菌对产物的影响不大；肌苷酸、谷氨酸等的发酵，后期染菌也会影响产物的产量、提取和产品的质量。如果染菌严重，又破坏性较大，可以提前放罐。

## (四)染菌对产物过滤、提取和产品质量的影响

### 1. 对过滤的影响

发酵液的黏度加大；菌体大多自溶；由于发酵不彻底，基质的残留浓度加大。污染杂菌的

种类对过滤的影响程度有差异，如污染霉菌时，影响较小，而污染细菌时很难过滤。另外，染菌还可造成过滤时间拉长，影响设备的周转使用，破坏生产平衡，大幅度降低过滤收率。

### 2. 对提取的影响

染菌发酵液中含有比正常发酵液更多的水溶性蛋白和其他杂质。采用有机溶剂萃取的提炼工艺，则极易发生乳化，很难使水相和溶剂相分离，影响进一步提纯。采用直接用离子交换树脂的提取工艺，如链霉素、庆大霉素，染菌后大量杂菌黏附在离子交换树脂表面，或被离子交换树脂吸附，大大降低离子交换树脂的交换容量，而且有的杂菌很难用水冲洗干净，洗脱时与产物一起进入洗脱液，影响进一步提纯。

### 3. 对产品质量的影响

染菌的发酵液含有较多的蛋白质和其他杂质，对产品的纯度有较大影响；一些染菌的发酵液经处理过滤后得到澄清的发酵液，放置后会出现浑浊，影响产品的外观。

## 二、发酵染菌的原因分析

### (一)染菌的检查和判断

在发酵过程中，及早发现杂菌的污染并及时采取措施加以处理，是避免染菌造成严重经济损失的重要手段。因此，生产上要求能准确、迅速地检查出杂菌的污染。发酵过程是否染菌应以无菌试验的结果为依据进行判断。目前，常用于检查是否染菌的无菌试验方法主要有显微镜检查法、肉汤培养法、平板培养法，同时，发酵过程的异常现象也经常作为染菌的辅助判断方法。

### 1. 显微镜检查法

用革兰氏染色法(Grams Stain)对发酵液样品进行涂片、染色，然后在显微镜下观察微生物的形态特征，根据生产菌与杂菌的特征进行区别、判断是否染菌。如发现有与生产菌形态特征不同的其他微生物的存在，就可判断为发生了染菌。

其优点是简便、快速，能及时检查出杂菌；缺点是对固形物多的发酵液检查较困难；对含杂菌少的样品不易得出正确结论，应多检查几个视野；由于菌体较小，本身又处于非同步状态，应注意区别不同生理状态下的生产菌与杂菌，必要时可用革兰氏染色、芽孢染色等辅助方法进行鉴别。

### 2. 肉汤培养法

肉汤培养法主要用于空气过滤系统和液体培养基的无菌检查，也可用于噬菌体的检查。进行空气过滤系统无菌检查时，首先将葡萄糖酚红肉汤培养基(牛肉膏 0.3%，蛋白胨 1%，葡萄糖 0.5%，氯化钠 0.5%，1%酚红溶液 0.4%，pH 值为 7.2)装在吸气瓶中，经灭菌后，置于 37 ℃环境中培养 24 小时，若培养液未变浑浊，表明吸气瓶中的培养液是无菌的，就可用于空气过滤系统的杂菌检查。把过滤后的空气引入吸气瓶的培养液中，经培养后，若培养液变浑浊，表明过滤后的空气中仍有杂菌，说明过滤系统有问题；若培养液未变浑浊，说明空气无菌。肉汤培养法用于检查培养基灭菌是否彻底时，取少量培养基接入肉汤中，培养后观察肉汤的浑浊情况即可判断培养基是否染菌。

### 3. 平板画线培养或斜面培养检查法

将待测样品在严格执行无菌操作的条件下在无菌平板上画线，分别于 37 ℃、27 ℃条件下进行培养，一般 24 h 即可进行镜检观察，检查是否有杂菌，若出现与生产菌株形态不同的菌落，就表明可能被杂菌污染。有时为了提高平板培养法的灵敏度，也可将需要检查的样品先置于 37 ℃

条件下培养 6 h，使杂菌迅速增殖后再画线培养。其优点是适于固形物多的发酵液，形象直观，肉眼可辨；缺点是所需时间较长，至少也需 8 h，无法区分形态(包括细胞形态与菌落形态)与生产菌相似的杂菌，如啤酒生产中污染野生酵母时，由于啤酒酵母与野生酵母很难从形态上加以区分，只能借助生理生化试验进行确认。

#### 4. 发酵过程异常现象观察法

正常的发酵过程，发酵液内部的各种物理、化学、生物参数都有特定的变化规律，但有时会出现如溶解氧、pH 值、排出气体的 $CO_2$ 含量及微生物菌体酶活力等的异常变化，对这些异常变化的分析可以判断发酵是否染菌。

(1)溶解氧水平异常变化显示染菌。每种生产菌都有其特定的耗氧曲线，如果发酵过程中溶氧水平发生了异常变化，一般是发酵染菌发生的表现。当污染的是好氧性杂菌时，会使溶解氧在较短的时间内下降，甚至接近零，且长时间不能回升；当污染的是非好氧菌时，生产菌的代谢由于受污染而遭抑制，会使耗氧量减少，发酵液中的溶解氧就会升高。如味精生产上受噬菌体污染时，使菌体利用的氧气量减少，溶解氧上升。

(2)排气中 $CO_2$ 的异常变化显示染菌。对特定的发酵，排气中 $CO_2$ 的含量变化也是有规律的。在染菌后，糖的消耗发生变化，从而引起排气中 $CO_2$ 含量的异常变化。一般来说，污染杂菌后，糖耗加快，$CO_2$ 含量增加；污染噬菌体，糖耗减慢，$CO_2$ 含量减少。因此，可根据 $CO_2$ 含量的异常变化来判断是否染菌。

除上所述，还可以根据其他的异常变化来判断是否染菌，如菌体生长不良、耗糖慢、pH 值的异常变化、发酵过程中泡沫的异常增多、发酵液颜色的异常变化、代谢产物含量的异常下跌、发酵周期的异常拖长、发酵液的黏度异常增加。发酵异常现象只是判断可能染菌的经验因素，要确定染菌还需进一步做无菌试验。

在上述方法中，判断染菌以肉汤培养和平板培养为主，无菌试验时，如果肉汤连续三次发生变色反应(红色→黄色)或产生浑浊，或平板培养连续三次发现有异常菌落的出现，即可判断为染菌；有时肉汤培养的阳性反应不够明显，而发酵样品的各项参数确有可疑染菌，并经镜检等其他方法确认连续三次样品有相同类型的异常菌存在，也应该判断为染菌。一般来说，无菌试验的肉汤或平板培养应保存并观察至本批(罐)放罐后 12 h，确认为无杂菌后才能弃去；无菌试验期间应每 6 h 观察一次无菌试验样品，以便能及早发现染菌。

### (二)发酵染菌的原因分析

#### 1. 发酵染菌率的统计

以发酵罐染菌罐批(次)为基准，染菌罐批(次)应包括染菌重消后的重复染菌的灌(批)次在内，发酵总过程(全周期)无论前期或后期染菌，均作"染菌"论处。

$$染菌率(\%)=\frac{发酵罐染菌罐批(次)}{总投罐批(次)}\times100\%$$

(1)总染菌率：是指一年内发酵染菌的批次与总投料批次数之比乘以 100% 得到的百分率。

(2)设备染菌率：统计发酵罐或其他设备的染菌率，有利于查找因设备缺陷而造成的染菌原因。

(3)不同品种发酵的染菌率：统计不同品种发酵的染菌率，有助于查找不同品种发酵染菌的原因。

(4)不同发酵阶段的染菌率：将整个发酵周期分为前期、中期和后期三个阶段，分别统计其染菌率，有助于查找染菌的原因。

(5)季节染菌率：统计不同季节的染菌率，可以采取相应的措施制服染菌。

（6）操作染菌率：统计操作工的染菌率，一方面可以分析染菌原因；另一方面可以考核操作工的灭菌操作技术水平。

## 2. 发酵染菌的原因分析

要防止杂菌污染，首先要知道造成污染的途径，然后对症下药，隔绝污染源，以达到安全生产的目的。造成染菌的因素很多，从发酵工厂的生产经验来看，染菌的原因是以设备渗漏和空气系统的染菌为主，其他则次之。现将收集到的国内外两家抗生素工厂发酵染菌原因列于表 6-1、表 6-2 中，以供比较。

表 6-1　国外一抗生素发酵染菌原因的分析

| 染菌原因 | 染菌百分比/% | 染菌原因 | 染菌百分比/% |
|---|---|---|---|
| 种子带菌 | 9.64 | 蛇管穿孔 | 5.89 |
| 接种时罐压跌零 | 0.19 | 接种管穿孔 | 0.39 |
| 培养基灭菌不透 | 0.79 | 阀门泄漏 | 1.45 |
| 空气系统带菌 | 19.96 | 发酵罐盖漏 | 1.54 |
| 搅拌轴密封泄漏 | 2.09 | 其他设备渗漏 | 10.13 |
| 泡沫冒顶 | 0.48 | 操作问题 | 10.15 |
| 夹套穿孔 | 12.36 | 原因不明 | 24.91 |

表 6-2　国内一制药厂发酵染菌原因的分析

| 染菌原因 | 染菌百分比/% | 染菌原因 | 染菌百分比/% |
|---|---|---|---|
| 外界带入杂菌(取样、补料带入) | 8.20 | 蒸汽压力不够或蒸汽量不足 | 0.60 |
| 设备穿孔 | 7.60 | 管理问题 | 7.09 |
| 空气系统带菌 | 26.00 | 操作违反规程 | 1.60 |
| 停电罐压跌零 | 1.60 | 种子带菌 | 0.60 |
| 接种 | 11.00 | 原因不明 | 35.00 |

（1）发酵染菌的规模分析。

1）大批发酵罐染菌：整个工厂中各个产品的发酵罐都出现染菌现象而且染的是同一种菌，一般来说，这种情况是由使用的统一空气系统中空气过滤器失效或效率下降使带菌的空气进入发酵罐而造成的。大批发酵罐染菌的现象较少但危害极大。所以，对于空气系统必须经常定期检查。

2）分发酵罐（或罐组）染菌：生产同一产品的几个发酵罐都发生染菌，这种染菌如果出现在发酵前期可能是种子带杂菌，如果发生在中后期则可能是中间补料系统或油管路系统发生问题所造成的。通常，同一产品的几个发酵罐其补料系统往往是共用的，倘若补料灭菌不彻底或管路渗漏，就有可能造成这些罐同时发生染菌现象。另外，采用培养基连续灭菌系统时，那些用连续灭菌进料的发酵罐都出现染菌，可能是连消系统灭菌不彻底所造成的。

3）个别发酵罐连续染菌和偶然染菌：个别发酵罐连续染菌大多是由设备问题造成的，如阀门的渗漏或罐体腐蚀磨损，特别是冷却管不易觉察的穿孔等。设备的腐蚀磨损所引起的染菌会出现每批发酵的染菌时间向前推移的现象，即第二批的染菌时间比第一批早，第三批又比第二批早。至于个别发酵罐的偶然染菌其原因比较复杂，因为各种途径都可能引起染菌。

（2）染菌的类型分析。所染杂菌的类型也是判断染菌原因的重要依据之一。一般认为，污染耐热性芽孢杆菌多数是由于设备存在死角或培养液灭菌不彻底所致。污染球菌、酵母菌等可能是由蒸汽的冷凝水或空气中带来的。在检查时如平板上出现的是浅绿色菌落(革兰氏阴性杆菌)，因为这种菌主要生存在水中，所以发酵罐的冷却管或夹套渗漏所引起的可能性较大。污染霉菌大多是灭菌不彻底或无菌操作不严格所致。

(3)不同污染时间分析。

1)种子培养期染菌：通常是由种子带菌，菌种在培养过程或保藏过程中受污染，培养基或设备灭菌不彻底，以及接种操作不当或设备因素等原因而引起染菌。

2)发酵前期染菌：大部分染菌也是由种子带菌、培养基或设备灭菌不彻底，以及接种操作不当或设备因素、无菌空气带菌等原因引起的。

3)发酵后期染菌：大部分是由空气过滤不彻底、中间补料染菌、设备渗漏、泡沫顶盖及操作问题而染菌。

(4)不同途径染菌的分析。

1)无菌空气系统染菌，主要是由过滤介质的效能下降引起，包括以下四种。

①过滤介质(棉花、玻璃纤维等)被油水浸湿，失去了过滤效能。

②突然停电时，由于发酵罐压力高于过滤器的压力，导致培养基倒流入过滤器的介质中，使之成为杂菌生长繁殖的场所。所以停电时，要立即关闭发酵罐上的进气阀，再关闭排气阀。

③过滤介质铺放松紧不均匀，空气从疏松的部位穿过，造成过滤不完全，过滤后的空气中仍带有杂菌。

④过滤系统发生渗漏，密封性能差，造成染菌。

2)培养基灭菌不彻底，主要原因有以下三种。

①对于淀粉质原料，若搅拌时间不足，没有让淀粉与冷水充分混合均匀，一经加热，淀粉容易结成块状，蒸汽就不易穿入其内，致使灭菌不彻底而染菌。

②冷空气未放尽，虽到预定压力，但达不到预定温度，致使灭菌不彻底。

③对于黏度高的培养基，若在灭菌过程中搅动不均匀，会造成受热不均，使一部分培养基灭菌不彻底。

3)设备管道灭菌不彻底，主要原因有以下两种。

①设备管道存在死角，使蒸汽不能有效地到达，造成染菌。

②操作不当引起。在管道系统灭菌时，应把所有进气阀门打开，让蒸汽均匀地进入管道，并维持一段时间。所有放气(料)阀及进料阀(如接种阀或加料阀)也应微开，以消除死角。

4)设备管道系统渗漏，可能原因有以下三种。

①罐体部位腐蚀。

②罐中冷却用的蛇形管穿孔。

③管路上的阀门不配套，或阀门连接方式、管路安装方法不当等。

## 三、杂菌污染的途径和防治

### (一)种子带菌及其防治

种子带菌染菌率虽然不高，但它是发酵前期染菌的重要原因之一，是发酵成败的关键，因而，对种子染菌的检查和防治是极为重要的。种子染菌主要是保藏斜面试管菌种染菌、培养基和器具灭菌不彻底、种子转移和接种过程染菌、种子培养所涉及的设备和装置染菌等。针对以上染菌原因，生产上常采用以下措施进行预防。

(1)严格控制无菌室的污染，根据生产工艺的要求和特点，建立相应的无菌室，交替使用各种灭菌手段对无菌室进行处理。

（2）菌种的转移、接种等相关操作必须在超净工作台上进行，保证严格的无菌操作。

（3）在制备种子时对沙土管、斜面、三角瓶及摇瓶均进行严格管理，防止杂菌的进入而受到污染。为了防止染菌，种子保存管的棉花塞应有一定的紧密度，且有一定的长度，保存温度尽量保持相对稳定，不宜有太大变化。

（4）对每一级种子的培养物均应进行严格的无菌检查，确保任何一级种子均未受杂菌污染后才能使用；对菌种培养基或器具进行严格的灭菌处理，保证在利用灭菌锅进行灭菌前，先完全排出锅内的空气，以免造成假压，使灭菌的温度达不到预定值，造成灭菌不彻底而使种子染菌。

### （二）空气带菌及其防治

空气带菌是发酵染菌的主要原因之一，对发酵的危害相当大，在抗生素发酵过程中占到染菌比例的 20％ 以上，要杜绝无菌空气带菌，就必须从空气的净化工艺和设备的设计、过滤介质的选用和装填、过滤介质的灭菌和管理等方面完善空气净化系统，生产上经常采取以下措施。

（1）加强生产环境的卫生管理，减少生产环境中空气的含菌量，正确选择采气口，如提高采气口的位置或前置粗过滤器，加强空气压缩前的预处理，如提高空压机进口空气的洁净度。

（2）设计合理的空气预处理工艺，尽可能减少生产环境中空气带油、水量，提高进入过滤器的空气温度，降低空气的相对湿度，保持过滤介质的干燥状态，防止空气冷却器漏水，防止冷却水进入空气系统等。

（3）设计和安装合理的空气过滤器，防止过滤器失效。选用除菌效率高的过滤介质，在过滤器灭菌时要防止过滤介质被冲湿而造成短路，避免过滤介质烤焦或着火，防止过滤介质的装填不均而使空气走短路，保证一定的介质充填密度。当突然停止进空气时，要防止发酵液倒流入空气过滤器，在操作中要防止空气压力的剧变和流速的急增。

### （三）灭菌操作失误导致染菌及其防治

在培养基灭菌升温时，要打开排气阀门，使蒸汽能通过并驱除罐内冷空气，一般可避免"假压"造成染菌；要严防泡沫升顶，尽可能添加消泡剂防止泡沫的大量产生；避免蒸汽压力的波动过大，应严格控制灭菌温度，过程最好采用自动控温。对于淀粉质培养基的灭菌采用实罐灭菌较好，一般在升温前先通过搅拌混合均匀，并加入一定量的淀粉酶进行液化；有大颗粒存在时应先过筛除去，再行灭菌；对于麸皮、黄豆饼一类的固形物含量较多的培养基，采用罐外预先配料，再转至发酵罐内进行实罐灭菌较为有效。灭菌时还会因设备安装或污垢堆积造成一些死角，这些死角蒸汽不能有效达到，在灭菌操作时，将旁路阀门打开，使蒸汽自由通过。接种、取样和加油等管路要配置单独的灭菌系统，使能在发酵罐灭菌后或在发酵过程中进行单独灭菌。

### （四）设备渗漏或死角造成的染菌及其防治

#### 1. 设备渗漏及其防治

设备渗漏主要是指发酵罐、补糖罐、冷却盘管、管道阀门等由于化学腐蚀（发酵代谢所产生的有机酸等发生腐蚀作用）、电化学腐蚀、磨蚀、加工制作不良等原因形成微小漏孔后发生渗漏染菌。这些漏孔很小，特别是不锈钢材料形成的漏孔更小，有时肉眼不能直接察觉，需要通过一定的试漏方法才能发现。

冷却盘管渗漏的试漏方法如下。

（1）气压试验：先在发酵罐内放满清水，用压缩空气通入管子，观察水面有无气泡产生以确定管子是否有渗漏的部位。

（2）水压试验：用手动泵或试压齿轮泵将水逐渐压入冷却管，泵达到一定压力时，观察管子是否有渗漏现象。

及时发现渗漏部位，进行有效的修补可以防止渗漏染菌。

### 2. 罐体渗漏的防止

浸没在液体中的罐体部分都有可能发生腐蚀穿孔，特别是罐底，由于管口向下的空气管喷出的压缩空气的冲击力，以及发酵液中的固体物料在被搅动时对罐底发生摩擦，罐底极易磨损引起渗漏，这种磨损形式是钢板产生麻点般的斑痕，称为麻蚀。每年大修时需检查钢板减薄的程度。有夹套的发酵罐可在夹套内用水压或气压的试验方法检查罐壁有无渗漏。有保温层的发酵罐，如果水经常渗入保温层并积聚在里面，罐外壁就产生不均匀的腐蚀现象，所以，当保温层有裂缝和损坏时，应及时修补。

### 3. 管件渗漏的防止

与发酵罐相连接的管路很多，有空气、蒸汽、水、物料、排气、排污等管路，管路多，相应的管件和阀门也多。管道的连接方式、安装方法及选用的阀门形式对防止污染有很大的关系。所以，与发酵有关的管路不能同一般化工厂的化工管路完全相同，而有其特殊的要求。采用加工精度高、材料好的阀门可减少此类染菌的发生。

### 4. 设备形成的死角及其防治

死角是指由于操作、设备结构、安装及其他人为原因造成的屏障，灭菌时蒸汽不能有效到达的局部地区，从而不能实现彻底灭菌的目的。发酵罐及其管路如有死角存在，则死角内潜伏的杂菌不易杀死，会造成连续染菌，影响生产的正常进行。经常出现死角的场合及形成死角的几种原因如下：多孔环状管空气分布器在整个环管中空气的速度并不一致，靠近空气进口处流速最大，远离进口处的流速减小，当发酵液进入环管内，菌体和固形物就会逐渐堆积在远离进口处的部分形成死角，严重时甚至会堵塞喷孔。发酵罐中除上述容易造成死角的区域外，其他还有一些容易造成死角的区域，如挡板（或冷却盘管）与罐身固定的支撑板周围和不能在灭菌时排气的百肠管、温度计接头等，对于这些地区每次放罐后的清洗工作应注意，经常检查，铲除污垢，才能避免因死角而产生的污染事故。设备安装要注意不能造成死角，对于某些蒸汽可能达不到的死角要装设与大气相通的旁路。

## 四、发酵染菌的挽救和处理

### (一)种子培养期染菌的处理

一旦发现种子受到杂菌污染，该种子不能再接入发酵罐中进行发酵，应经灭菌后弃之，并对种子罐、管道等进行仔细检查和彻底灭菌。同时采用备用种子，选择生长正常无染菌的种子接入发酵罐，继续进行发酵生产。如无备用种子，则可选择一个适当菌龄的发酵罐内的发酵液作为种子，进行"倒种"处理，接入新鲜的培养基中进行发酵，从而保证发酵生产的正常进行。

### (二)发酵前期染菌的处理

当发酵前期发生染菌后，如培养基中的碳、氮源含量还比较高时，终止发酵，将培养基加热至规定温度，进行重新灭菌处理后，再接入种子进行发酵；如果此时染菌已造成较大的危害，培养基中的碳、氮源的消耗量已比较多，则可放掉部分料液，补充新鲜的培养基，重新进行灭菌处理后，再进行接种发酵。也可采取降温培养、调节 pH 值、调整补料量、补加培养基等措施进行处理。

### (三)发酵中、后期染菌处理

发酵中、后期染菌或发酵前期轻微染菌而发现较晚时，可以适当地加入杀菌剂或抗生素，以及正常的发酵液，以抑制杂菌的生长速度，也可采取降低培养温度、降低通风量、停止搅拌、少量补糖等其他措施进行处理。如果发酵过程的代谢产物已达到一定水平，此时产品的含量若达一定值，只要明确是染菌也可放罐。对于没有提取价值的发酵液，废弃前应加热至 121 ℃以上，保持 30 min 后才能排放。

### (四)染菌后对设备的处理

染菌后的发酵罐在重新使用前，必须在放罐后进行彻底清洗，空罐加热灭菌至 121 ℃以上，保持 30 min 后才能使用。也可用甲醛熏蒸或甲醛溶液浸泡 12 h 以上等方法进行处理。

综上所述，将引起发酵染菌的原因和相应的挽救措施概括为表 6-3～表 6-5。

#### 表 6-3　不同发酵时期染菌分析及挽救措施

| 染菌的时期 | 污染的原因分析 | 挽救措施 |
|---|---|---|
| 发酵早期染菌<br>(接种后 12～24 h) | 1. 种子带菌<br>2. 培养基或设备灭菌不彻底 | 1. 染菌的种子灭菌后弃之<br>2. 加强灭菌，加强设备的检修<br>3. 加大接种量，重者补料后灭菌，再重新接种 |
| 发酵后期染菌 | 1. 操作过程中，特别是中间补料时带入<br>2. 设备渗漏或空气过滤系统污染 | 1. 轻者照常发酵<br>2. 重者提前放罐 |

#### 表 6-4　不同发酵染菌类型分析及挽救措施

| 染菌的类型 | 污染的原因分析 | 挽救措施 |
|---|---|---|
| 芽孢杆菌、霉菌 | 培养基灭菌不彻底<br>管道设备灭菌不彻底 | 1. 加强培养基的灭菌及管道死角的灭菌工作<br>2. 加强设备检修<br>3. 轻者加大接种量，重者补料后灭菌，再重新接种 |
| 不耐热的细菌 | 种子带菌<br>设备渗漏 | |
| 一些 G⁻菌(在葡萄糖酚红培养基中菌落呈绿色) | 由水带入，一般由设备渗漏或冷却器穿孔引起 | |

#### 表 6-5　不同染菌规模分析及挽救措施

| 染菌的规模 | 污染的原因分析 | 挽救措施 |
|---|---|---|
| 大批发酵罐染同一种菌 | 空气过滤器除菌不净 | 1. 保持过滤介质干燥<br>2. 介质铺放均匀 |
| 部分发酵罐染菌 | 菌种带菌，或补料时染菌，或其他操作不当带入杂菌 | 严格执行无菌操作 |
| 个别发酵罐染菌 | 一般是设备损坏，如阀门的渗漏、罐体的破损等 | 加强设备的检查和维修 |

根据对多个厂家的综合分析，造成杂菌污染的原因以设备问题为主，如设备的渗漏、管道不严密、设备中存在死角、空气过滤系统失效等；其次是种子(主要是二级种子)染菌，而培养基灭菌不彻底造成的染菌极少发生。

## 实践操作

# 任务一　实验室发酵罐 pH 电极的使用

**任务描述**

机械搅拌式通风发酵罐是实验室常用的好氧发酵罐，在发酵前，需要对发酵罐的原位在线 pH 电极进行校正，然后装入发酵罐进行实消使用。本任务是模拟发酵过程对 pH 电极的操作训练，包括电极校准、参数设置。

**任务实施**

(1)pH 标准缓冲液的配制。

(2)pH 电极的校准、检查。

(3)pH 参数的设置。

(4)测量 pH 值。

**任务报告**

1. 任务目的要求
2. 任务材料准备
3. 任务实施方案
4. 任务结果分析

**任务反思**

任务一 考核单

专业：_____ 姓名：_____ 学号：_____ 成绩：_____

| 试题名称 | | 实验室发酵罐 pH 电极的使用 | | | 时间：120 min | | |
|---|---|---|---|---|---|---|---|
| 序号 | 考核内容 | 考核要点 | 配分 | 评分标准 | 扣分 | 得分 | 备注 |
| 1 | 操作前的准备 | (1)穿工作服 | 5 | 未穿工作服扣 5 分 | | | |
| | | (2)试验方案 | 10 | 未写试验方案扣 10 分 | | | |
| | | (3)检查器材 | 5 | 未检查器材扣 5 分 | | | |
| 2 | 操作过程 | (1)pH 标准缓冲液的配制 | 10 | 未按标准溶液配制规范操作的扣 1～10 分 | | | |
| | | (2)pH 电极校准 | 20 | 将 pH 电极浸没在含一种或多种标准及标定缓冲液的适当容器中进行校准及标定，操作不规范扣 10～15 分 | | | |
| | | (3)校准的检查 | 5 | 操作不规范扣 1～5 分 | | | |
| | | (4)pH 参数的设置 | 15 | 发酵罐 pH 参数的设置不准确扣 1～10 分 | | | |
| 3 | 文明操作 | 清理仪器用具、试验台面 | 5 | 试验结束后未清理扣 5 分 | | | |
| 4 | 日常维护及安全注意事项 | (1)不得损坏仪器 | 10 | 损坏一般仪器、用具按每件 10 分从总分中扣除 | | | |
| | | (2)不得发生事故 | 10 | 发生事故停止操作 | | | |
| | | (3)在规定时间内完成操作 | 5 | 超时 1 min，扣 5 分，超时达 3 min 即停止操作 | | | |
| | | 合计 | 100 | | | | |

否定项：若考生发生下列情况，则应及时终止其考试，考生该试题成绩记为零分。
①违章操作
②发生事故

# 任务二 发酵罐 DO 电极的使用

■ 任务描述

机械搅拌式通风发酵罐是实验室常用的好氧发酵罐，在发酵前，需要对发酵罐的原位在线 DO(溶氧)电极进行校正，然后装入发酵罐进行实消使用。本任务是模拟发酵过程对 DO 电极的操作训练，包括电极校准、参数设置。

■ 任务实施

(1)饱和亚硫酸钠溶液的配制。

(2)DO 电极的校准。

(3)DO 电极参数的设置。

(4)测量 DO 值。

■ **任务报告**

1. 任务目的要求
2. 任务材料准备
3. 任务实施方案
4. 任务结果分析

■ **任务反思**

### 任务二　考核单

专业：_____　姓名：_____　学号：_____　成绩：_____

| 试题名称 | | 发酵罐 DO 电极的使用 | | | 时间：120 min | | |
|---|---|---|---|---|---|---|---|
| 序号 | 考核内容 | 考核要点 | 配分 | 评分标准 | 扣分 | 得分 | 备注 |
| 1 | 操作前的准备 | (1)穿工作服 | 5 | 未穿工作服扣 5 分 | | | |
| | | (2)试验方案 | 10 | 未写试验方案扣 10 分 | | | |
| | | (3)检查器材 | 5 | 未检查器材扣 5 分 | | | |
| 2 | 操作过程 | (1)饱和亚硫酸钠溶液的配制 | 10 | 未按饱和溶液配制要求的扣 1～10 分 | | | |
| | | (2)DO 电极校准 | 20 | 未按 DO 电极标准校准及标定，操作不规范扣 10～15 分 | | | |
| | | (3)校准的检查 | 5 | 操作不规范扣 1～5 分 | | | |
| | | (4)DO 参数的设置 | 15 | 发酵罐 DO 参数的设置不准确扣 1～10 分 | | | |
| 3 | 文明操作 | 清理仪器用具、试验台面 | 5 | 试验结束后未清理扣 5 分 | | | |
| 4 | 日常维护及安全注意事项 | (1)不得损坏仪器 | 10 | 损坏一般仪器、用具按每件 10 分从总分中扣除 | | | |
| | | (2)不得发生事故 | 10 | 发生事故停止操作 | | | |
| | | (3)在规定时间内完成操作 | 5 | 超时 1 min，扣 5 分，超时达 3 min 即停止操作 | | | |
| | | 合计 | 100 | | | | |

否定项：若考生发生下列情况，则应及时终止其考试，考生该试题成绩记为零分。
①违章操作
②发生事故

## 项目小结

1. 发酵参数按性质分，有物理参数(包括温度、搅拌转速、压力、空气流量、溶解氧、表观黏度、排气氧/二氧化碳浓度等)、化学参数(包括基质浓度、pH值、产物浓度、核酸量等)、生物参数(包括菌丝形态、菌体浓度、菌体比生长速率、呼吸强度、基质消耗速率、关键酶活力等)。按检测手段分，有直接参数和间接参数。具体通过在线检测或离线检测等方式进行。

2. 温度是影响微生物生长繁殖最重要的因素之一，温度对微生物发酵的影响是多方面的，主要表现在影响细胞生长、产物合成、发酵液的物理性质、生物合成方向及其他发酵条件等方面，最终会影响微生物的生长和产物的形成。发酵热是引起发酵过程温度变化的原因，具体包括生物热、搅拌热、蒸发热和辐射热，可以根据冷却水进出口温度差、罐温上升速率计算发酵热，或根据化合物的燃烧值估算发酵过程生物热的近似值。发酵过程温度的控制应选择最适温度，菌体的最适生长温度和最适产物合成的温度往往也是不一致的，生产上需要分阶段控温，一般通过夹套、蛇管或列管式换热器来实施控温。

3. 发酵液中pH值的变化是微生物代谢状况(基质代谢、产物合成、细胞状态、营养状况、供氧状况等)的综合反映。pH值对酶活性、细胞膜的通透性、物质的吸收和利用等有影响，从而影响微生物的生长和代谢产物的形成。发酵过程中pH值的变化具有一定的规律性。在发酵过程中，pH值变化取决于微生物的代谢、培养基的成分、微生物的活动、培养发酵条件、通气条件的变化，菌体自溶或杂菌污染等因素。发酵过程中应将pH值控制在最适值，生长最适pH值可能与产物合成的最适pH值是不同的，生产中采用加酸或碱、改变通风、补料等方式来控制pH值。

4. 发酵过程中形成的泡沫在可控范围内对溶氧有帮助，但是大量的泡沫会导致产物的损失、降低发酵罐的装料系数、增加染菌的概率、增加菌群的非均一性、影响菌体的呼吸等不良影响。发酵过程中泡沫的形成受通气搅拌的强烈程度、培养基配合比与原料组成(培养基性质)等因素的影响。生产上，常采用机械消泡或消泡剂消泡两种方法来消除已形成的泡沫。

5. 溶氧是发酵过程的重要参数之一，可作为发酵中氧是否足够的度量，也是发酵异常情况的指示，还是发酵中间控制的手段之一和考查设备及工艺条件对氧供需与产物形成影响的指标之一。氧气是难溶气体，微生物只能利用溶解于发酵液中的氧气，微生物的耗氧量(需氧量)常用呼吸强度和耗氧速率两个物理量来表示。溶解氧大小对菌体生长和产物的性质及产量会产生不同的影响。发酵过程中，培养基的成分和浓度、菌龄、发酵条件、有毒代谢产物等对耗氧都有影响。每种微生物对氧气的需要变化均有自己的规律。发酵过程中溶氧的控制要注意供需平衡。另外，溶氧还有重要的监控作用和意义。

6. 生产中主要通过显微镜检查法、肉汤培养法、平板培养法来判断染菌，有时也根据发酵过程出现如溶解氧、pH值、排出气体的$CO_2$含量及微生物菌体酶活力等的异常变化的分析来辅助判断发酵是否染菌。

7. 发酵过程的染菌原因主要通过发酵染菌的规模、染菌的类型、污染的不同时间、不同途径来分析，尽快找出染菌原因，从种子带菌、空气带菌、灭菌操作失误、设备渗漏或死角等方面进行防治。

思 考 题

1. 常见的发酵参数有哪些？如何检测？
2. 温度对发酵有哪些影响？
3. 发酵过程中温度如何控制？
4. pH 值对发酵的影响表现在哪些方面？
5. 发酵过程的 pH 值控制可以采取哪些措施？
6. 泡沫对发酵有哪些影响？
7. 发酵过程中如何对泡沫进行控制和消除？
8. 溶氧对发酵过程有什么影响？
9. 如何对发酵过程中的溶氧进行控制？
10. 简述染菌对发酵的影响。
11. 分析引起发酵染菌的原因及其挽救措施。
12. 简述发酵染菌的判断方法。
13. 简述发酵过程染菌的途径及其防治。

6

# 模块二　发酵工艺综合实训

# 项目七　啤酒的酿造工艺

项目资讯

## 百威啤酒虚假广告

2021年9月，国家企业信用信息公示系统网站披露一则行政处罚显示，百威(中国)销售有限公司上海分公司(以下简称"百威上海")因宣传产品使用"全天然原料"，实则为"人工培养酵母"和"人工净化水"，被认定为发布虚假广告，并被上海市黄浦区市场监督管理局处以20万元罚款。

行政处罚决定书显示，百威上海经营的啤酒中的原料为水、大米、麦芽、啤酒花、酵母。其中，水主要是自来水或地下井水，经过工厂水处理系统，达到生产用水标准。水处理的基本过程为自来水或地下井水经过多介质过滤器、活性炭过滤器，对于酿造水再进行加氯和碱度调整；对于稀释水再进行RO(反渗透)除去离子。百威上海经营的啤酒原料中的酵母是将采购来的酵母通过人工菌种扩大培养的，并不是天然酵母。

百威上海认为采用天然酵母会给整个发酵过程带来不稳定的因素，也无法确定这些酵母中是否掺杂着其他不利于发酵顺利进行的酵母菌株，而经过人工培育而来的改良酵母更容易启动发酵，在发酵过程中更容易把控结果，因此，对其大规模生产风格统一的啤酒而言，是更稳妥的选择，所以采用了人工酵母。

## 项目描述

本项目介绍了啤酒的生产原料、麦芽的制备、啤酒酵母的扩培和啤酒的酿造工艺，根据学校实训室的设施情况，完成纯麦芽啤酒的酿造。

## 学习目标

(1)掌握啤酒的生产原料及原料成分。

(2)掌握啤酒的酿造工艺。

(3)能够在学校实训室进行啤酒的酿造。

(4)培养食品生产过程中的质量控制和卫生保障意识。

# 知识点一　啤酒的原料

## 一、啤酒概述

啤酒是历史最悠久的谷类酿造酒，起源于 9 000 年前的中东和古埃及地区，后传入欧洲。啤酒因酒精度低、价格低、有酒花香和爽口苦味而深受消费者欢迎，是世界上产量最大的酒种。啤酒于 19 世纪末传入亚洲。目前，除一些国家和地区因宗教原因而不生产及不饮用啤酒外，啤酒几乎遍及世界各国。1900 年俄国人在中国哈尔滨市建立了国内最早的乌卢布列夫斯基啤酒厂。1949 年后，中国啤酒工业发展较快，并逐步摆脱了原料依赖进口的落后状态，于 1954 年开始进入国际市场。我国啤酒品牌虽然多达 1 500 多个，但除青岛、燕京、珠江、哈尔滨、雪花等品牌在全国具有较高的知名度外，其他区域性品牌只在本省市的区域市场具有较高的知名度，在全国范围内的知名度还较低。

啤酒是以大麦芽和酿造水为主要原料，以大米、玉米等谷物为辅料，以少量啤酒花为香料，经过啤酒酵母发酵酿制而成的一种含有丰富的二氧化碳而起泡沫的低酒精度的饮料酒。啤酒中富含 17 种氨基酸（包括 8 种人体必需氨基酸）、维生素（尤以 B 族维生素含量较多）、糖类物质、无机盐及各类微量元素，有"液体面包"之称。

啤酒的酒精含量是按质量计的，通常不超过 2%～5%。国外为 3～5 g 酒精/100 g 啤酒，一般不超过 8 g，在我国一般为 3.4～4 g 酒精/100 g 啤酒。啤酒度不是指酒精含量，而是指酒液原汁中麦芽汁浓度的质量百分比。这种标度方法仅见于中国啤酒，在国外啤酒中还没有。我国的啤酒生产原麦汁浓度通常为 10～12°Bx。

啤酒的分类方法有很多。按照啤酒酵母的种类可分为上面发酵啤酒和下面发酵啤酒；按照色泽可分为淡色啤酒、浓色啤酒、黑色啤酒；按照杀菌工艺可分为鲜啤酒、熟啤酒和纯生啤酒；按照原麦芽汁浓度可分为低浓度啤酒、中浓度啤酒和高浓度啤酒。

## 二、啤酒酿造原料

### （一）大麦

适于啤酒酿造用的大麦为二棱或六棱大麦。二棱大麦的浸出率高，溶解度较好，六棱大麦的农业单产较高，活力强，但浸出率较低，麦芽溶解度不太稳定。啤酒用大麦的品质要求为壳皮成分少，淀粉含量高，蛋白质含量适中（9%～12%），淡黄色，有光泽，水分含量低于 13%，发芽率在 95% 以上。大麦中淀粉含量越高，浸出物就越多，麦汁收得率也越高。

### （二）辅助原料

在啤酒酿造过程中，除使用大麦麦芽作为主要原料外，还可添加部分辅助原料。正确使用辅助原料可以降低原料成本，调整麦汁组成，提高啤酒发酵度，增强啤酒某些特性，改善啤酒泡沫性质。我国盛产大米，所以大米一直是我国啤酒酿造广泛采用的一种辅助原料，其最大特点是淀粉含量高，可达 75%～82%，无水浸出率达 90%～93%。以大米为辅助原料酿造的啤酒色泽浅，口味清爽。

### （三）酒花

酒花学名蛇麻花，又称忽布，它是雌雄异株，用于啤酒发酵的是成熟的雌花。酒花的一般化学成分包括水分 10%、总树脂 15%（包括 α-酸、β-酸及其氧化、聚合产物）、酒花油 0.5%、多酚物质 4%、糖类 3%、果胶 2%、氨基酸 0.1% 等。其中，α-酸和 β-酸是啤酒中苦味的主要来源；酒花油赋予啤酒特有的酒花香味；多酚物质对啤酒酿造具有双重作用：一方面，在麦汁煮沸及随后的冷却过程中，都能与蛋白质结合，产生凝固物沉淀，因而有利于啤酒稳定性；另一方面，正是因为多酚物质与蛋白质结合产生沉淀，所以啤酒中多酚物质的残留是造成啤酒浑浊的主要因素之一。

酒花除赋予啤酒香味和爽口苦味外，还可以提高啤酒泡沫的持久力和稳定性，使蛋白质沉淀，有利于啤酒澄清，并有抑菌作用，能增强麦芽汁和啤酒的防腐能力。

国内在新疆、甘肃、内蒙古、黑龙江、辽宁等地区都建立了较大的酒花原料基地。成熟的新鲜酒花经干燥压榨，以整酒花使用，或粉碎压制颗粒后密封包装，也可制成酒花浸膏，然后在低温仓库中保存。

### （四）水

啤酒酿造水除必须符合饮用水的标准外，还要满足啤酒生产的特殊要求，其质量要求包括硬度、溶解盐的种类和含量，以及水的生物学纯净度及气味等。酿造用水可采用石灰水改良、加酸改良、离子交换、反渗透法等进行处理。

## 三、麦芽制造

麦芽制造主要有浸麦、发芽、干燥、除根四大步骤。

### （一）浸麦

使麦芽吸收发芽所需要的一定量水分的过程，称为大麦的浸渍，简称浸麦。经浸渍后的大麦称为浸渍大麦。

浸麦是为了供给大麦发芽时所需的水分，给以充足的氧气，使之开始发芽。与此同时还可洗涤麦粒，除去浮麦和麦皮中对啤酒有害的物质。

浸麦水最好使用中等硬度的饮用水，不得存在有害健康的有机物，应无漂浮物。水中亚硝酸盐含量达到一定量时，对发芽有抑制作用。水中含铁、锰过多，会使麦芽表面呈灰白色。碱性的水会提高皮壳的半渗透性，增加水的铁含量，限制沉降作用，甚至影响色泽。

大麦经浸渍后的含水百分率，称为浸麦度。它既是浸麦效果的最终表现形式之一，又是大麦发芽的要素之一，成为制麦工艺一个关键的控制点。通常，浸麦度为 42%～48%。

### （二）发芽

浸渍大麦在理想控制的条件下发芽，生成适合啤酒酿造所需的新鲜麦芽的过程，称为发芽。发芽适宜温度为 13～18 ℃，发芽周期为 4～6 d，根芽的伸长为粒长的 1～1.5 倍。

大麦发芽的目的是激活原有的酶并生成新的酶，促使大麦中物质的转变。

发芽方式可分为地板式发芽和通风式发芽两大类。通风式发芽又有多种设备形式，如箱式发芽、圆形制麦系统等。

传统的发芽方式是地板式发芽，即将浸渍后的大麦平摊在水泥地板上，人工翻麦，这种方式由于占地面积大、劳动强度大、不能机械化操作、工艺条件很难人工控制、受外界气候影响等，已不再采用。

通风式发芽料层厚，单位面积产量高，设备能力大，占地面积小，工艺条件能够人工控制，容易实现机械化操作，所以，在国内已经完全取代了地板式发芽。

### （三）干燥

未干燥的麦芽称为绿麦芽，绿麦芽水分含量高，不能储存，也不能进入糖化工序，必须经过干燥。干燥可以使麦芽水分下降至5％以下，利于储藏；终止化学及生物学变化，固定物质组成；去除绿麦芽的生青味，产生麦芽特有的色、香、味；并易于除去麦根。

### （四）除根

根芽对啤酒酿造没有意义，并影响啤酒质量。根芽吸湿性强，能够很快吸收环境的水分，使干燥麦芽含水量重新提高；根芽含有不良的苦味，影响啤酒的口味；根芽能使啤酒的色度增加。所以，麦芽干燥后应将根芽除掉。

## 四、啤酒酵母扩大培养

啤酒酵母是啤酒生产的主要原料之一，啤酒酵母不仅在发酵时通过形成的代谢产物直接影响啤酒的风味、饮用性，而且还会通过啤酒酵母的性能影响发酵过程、啤酒过滤过程、成品啤酒的质量、生产成本等，因此，啤酒酵母在啤酒生产中起着核心作用。

### （一）啤酒酵母的分类

根据酵母在啤酒发酵液中的性状，可将它们分为上面啤酒酵母和下面啤酒酵母两种。两者之间的区别见表7-1。

表7-1　上面啤酒酵母和下面啤酒酵母的区别

| 区别内容 | 上面啤酒酵母 | 下面啤酒酵母 |
|---|---|---|
| 细胞形态 | 多呈圆形，多数细胞凝结在一起 | 多呈卵圆形，细胞较分散 |
| 发酵时生理现象 | 发酵终了，大量细胞形成泡盖在表层 | 终了时，细胞凝聚并沉积在罐底 |
| 发酵温度 | 15～25 ℃ | 5～12 ℃ |
| 对棉子糖发酵 | 能将棉子糖分解成蜜二糖和果糖，只能发酵1/3果糖部分 | 能发酵全部棉子糖 |

两种酵母形成两种不同的发酵方式，即上面发酵和下面发酵，同时酿制出两种不同的啤酒，即上面发酵啤酒和下面发酵啤酒。目前，我国生产的多为下面发酵啤酒，如青岛啤酒等。

### （二）优良啤酒酵母特性

**1. 形态**

细胞呈卵圆形或短椭圆形，大小一致，细胞膜平滑而薄，细胞质透明均一。

**2. 凝聚特性**

凝聚性强，菌体沉降缓慢而彻底。

**3. 发酵度**

一般啤酒酵母的真正发酵度为50％～68％。

$$外观发酵度(F)=\frac{(麦芽汁浸出物含量-发酵后浸出物含量)(质量分数)}{麦芽汁浸出物含量(质量分数)}\times100\%$$

真正发酵度是指将发酵后的样品蒸馏后，再补加相同蒸发量的水，测定得到的浸出物浓度计算得到的发酵度。两者关系为真正发酵度≈外观发酵度×81.9％。

#### 4. 发酵性能

进行小型啤酒发酵试验，应从发酵速度、双乙酰峰值及还原速度、高级醇的产生量、啤酒风味情况来判断。

### (三)啤酒酵母的扩大培养

生产用啤酒酵母需要通过选育，然后经过扩大培养获得足够数量的优良、强壮的酵母菌种。通常，工业中常用的啤酒酵母扩大培养流程如下。

#### 1. 实验室扩大培养阶段

斜面原种　　　　→　　　斜面活化　　　→　10 mL 麦汁试管　　　→　100 mL 培养瓶　　　→
(25 ℃，3～4 d)　　　　(25 ℃，24～36 d)　　　(25 ℃，24 h)　　　　(20 ℃，24～36 h)

　1 L 培养瓶　　　　　　5 L 培养瓶
(16～18 ℃，24～36 h)　　→　(14～16 ℃，36～48 h)　　→25 L 卡氏罐

#### 2. 生产现场扩大培养阶段

25 L 卡氏罐→　　　250 L 汉生罐　　　→　　1 500 L 汉生罐　　→　　10 m² 培养罐　　→
　　　　　　　(12～14 ℃，3 d)　　　(10～12 ℃，3 d)　　　(9～11 ℃，3 d)

　20 m² 繁殖罐
(8～9 ℃，7～8 d)　　→零代酵母

#### 3. 扩大过程中注意事项

(1)最适繁殖温度为 25 ℃，扩大一次，温度均相应降低。

(2)最好在酵母对数生长期进行移植。

(3)下面发酵需间歇通风。

(4)扩培倍数应前高后低，实验室 1∶20～1∶10，现场 1∶5。

## 知识点二　啤酒发酵工艺

### 一、麦芽汁制备

麦芽汁的制备包括糖化、过滤、煮沸、添加酒花等环节，制成各种成分含量适宜的麦芽汁，才能经发酵酿成啤酒。

#### 1. 麦芽与谷物辅料粉碎

麦芽与谷物辅料粉碎是为了使谷物粉碎后获得较大的比表面积，加速酶促反应及物料的溶解。麦芽谷皮在麦汁过滤时形成自然过滤层，所以粉碎要求谷皮破而不碎。

麦芽粉碎主要有干法粉碎、湿法粉碎、增湿粉碎。干法粉碎是传统的并沿用至今的粉碎方法；增湿粉碎和湿法粉碎现如今被越来越多的厂家采用，设备多采用湿式粉碎机及辊式设备。

未发芽谷物(辅料)粉碎和麦芽粉碎相似，只是辅料未发芽，胚乳坚硬，耗能大，只要求有较大粉碎度，因此多采用辊式二级粉碎机。

#### 2. 糖化

糖化是麦芽内含物在酶的作用下继续溶解和分解的过程。麦芽及辅料粉碎物加水混合后，在不同的温度段保持一定的时间，使麦芽中的酶在最适的条件下充分作用相应的底物，使之分解并溶于水。原料及辅料粉碎物与水混合后的混合液称为醪(液)，糖化后的醪液称为糖化醪，溶解于水的各种干物质(溶质)称为浸出物。浸出物由可发酵浸出物和不可发酵浸出物两

部分组成(图 7-1),糖化过程应尽可能多地将麦芽干物质浸出来,并在酶的作用下进行适度的分解。

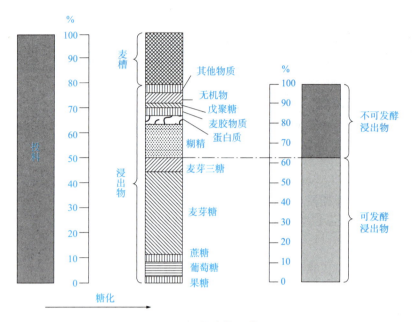

图 7-1 浸出物组成

啤酒是以原麦芽汁含浸出物的质量百分含量表示,即°P(原麦芽汁的外观糖度),如浸出物含量 12°P 含麦芽糖 8%~10%。

(1)糖化工艺条件的控制。

1)原辅料比:辅料添加量的多少,要考虑麦芽酶活性的高低和麦汁中可溶性氮含量的多少,随着辅料添加量的提高,麦汁中氨基酸的含量下降。我国采用大米作为辅料,添加量一般为 25%左右。

2)糖化用水和洗糟用水:在配料时加入的水为糖化用水,根据头号麦汁浓度和麦芽浸出率确定;用于洗出残留在麦糟中的麦汁的水称为洗糟用水,洗糟用水与糖化醪浓度和洗糟的强烈程度有关。

3)投料温度:投料温度与麦芽溶解状况和糖化方法有很大关系。

4)各糖化阶段休止温度和时间:在某种酶的最适作用温度下维持一定的时间,使相应底物尽可能多地分解,这段时间称为休止时间,温度称为休止温度。糖化阶段的休止温度要尽量适应不同酶的最适作用温度,发挥各种酶的最大潜力。

5)糖化醪 pH 值:各种酶都有各自的最适作用 pH 值范围,要使糖化醪 pH 适合或接近主要酶类的最适 pH 值。如 α-淀粉酶、β-淀粉酶、蔗糖酶、R-酶、内肽酶、羧肽酶等,最适作用 pH 值都为 5.2~5.6。

6)碘液反应:在麦汁制备过程中,淀粉必须分解至不与碘液起呈色反应为止,此时麦汁中淀粉已完全分解为糊精和可发酵性糖。

(2)糖化方法。糖化方法有很多,主要可分为煮出糖化法、浸出糖化法和双醪糖化法三大类,具体内容如下。

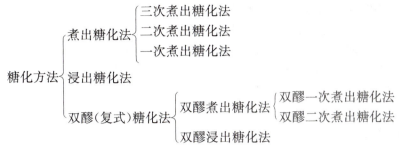

目前，国内广泛采用的是双醪二次煮出糖化法，此法辅料的糊化、糖化及麦芽的糖化分别在糊化锅和糖化锅中进行，制备的麦芽汁色泽浅，发酵度高。其工艺流程如图7-2所示。

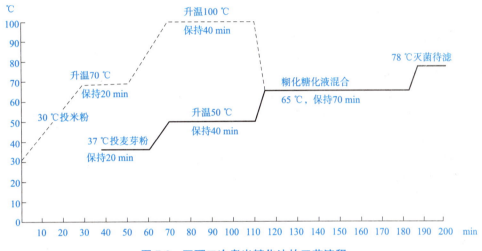

图 7-2　双醪二次煮出糖化法的工艺流程

### 3. 麦芽醪过滤

糖化结束后，必须将糖化醪尽快地进行固液分离，即过滤，从而得到清亮的麦汁。固体部分称为"麦糟"，这是啤酒厂的主要副产物之一；液体部分为麦汁，是啤酒酵母发酵的基质。糖化醪过滤是以大麦皮壳为自然滤层，采用重力过滤器或加压过滤器将麦汁分离。分离麦汁的过程分为两步：第一步是将糖化醪中的麦汁分离，这部分麦汁称为"头号麦汁"或"第一麦汁"，这个过程称为"头号麦汁过滤"；第二步是将残留在麦糟中的麦汁用热水洗出，洗出的麦汁称为"洗糟麦汁"或"第二麦汁"，这个过程称为"洗糟"。

（1）顶热水。糖化终了前，先检查过滤槽的筛板是否清洗干净，铺好，压紧，关闭过滤槽风门（保温和隔氧），并检查耕刀是否在正常位置，各进出阀门是否在正常关闭状态。然后由槽底通入 76～78 ℃的水（糖化用水），以刚没过筛板为度。其目的是排出过滤槽底与筛板之间及麦汁管道的空气；同时对过滤槽预热，以免醪液冷却。

（2）进醪。将糖化锅的糖化醪（76～78 ℃）充分搅拌，尽快泵入过滤槽，以免醪液温度下降。为了避免过滤层不均匀，醪液从底部泵入，此时应使耕糟机缓慢转动，以使麦糟分布均匀。

（3）静置。通过静置，麦糟层自然沉降，形成 30～40 cm 的（湿法 60～70 cm）过滤层。

（4）预过滤（预喷）及回流。其目的是去掉静置后筛板与槽底间的沉积物（开始时回流的浑浊麦汁是由水、麦汁和筛底团块组成的），通过麦汁阀或泵的开关来完成，这样在麦汁区形成一个涡流，一起把槽底间的沉积物带出来。在预过滤（预喷）过程中，阀门的开启不得过大，以免产生过大的吸力，使糟层吸紧。

(5)洗糟。当第一麦汁流出至露出麦糟时，从顶部喷入 78 ℃左右的热水洗糟，喷洒热水可根据洗涤效果，分 2～4 次进行，最后控制麦汁残糖浓度为 0.8%～1.5%。

过滤槽是应用最普遍的一种麦汁过滤设备。它是一种圆柱形容器，槽底装有开孔的筛板，过滤筛板既可支撑麦糟，又可构成过滤介质（麦芽谷皮形成自然过滤层），醪液的液柱高为 1.5～2.0 m，以此作为静压力实现过滤。

### 4. 麦汁的煮沸和酒花的添加

(1)麦汁的煮沸。麦汁煮沸可以达到以下目的：浓缩麦汁；钝化酶及杀菌；蛋白质变性沉淀；酒花有效成分的浸出；挥发掉酒花油中的异味物质；增加啤酒稳定性。

麦汁煮沸采用煮沸锅，常用的煮沸锅为圆筒球底，配以球形或锥形盖。

(2)酒花添加。啤酒酒花可以赋予啤酒爽口的苦味和特有的香味，促进蛋白质凝固，提高啤酒的非生物稳定性，另外，还有利于啤酒产生泡沫并起到抑菌作用。

1)酒花添加量：酒花添加量有两种计算方法，第一种是按每百升麦汁或啤酒添加酒花的质量计；第二种是按每百升麦汁添加酒花中 α-酸的质量计。

2)添加酒花时考虑的因素：防止麦汁初沸时泡沫溢出；α-酸有充分的异构化时间；多酚物质与蛋白质要有足够的接触时间；尽可能多地保留酒花香味物质。

3)酒花添加时间：一般分三次添加酒花，以煮沸时间 90 min 为例，第一次在煮沸开始时添加，添加量为酒花总量的 19%左右；第二次在煮沸后 45 min 时添加，添加量为总量的 43%左右；第三次在煮沸结束前 10 min 添加，添加量为总量的 38%左右。

4)酒花添加方式：直接从人孔加入；密闭煮沸时先将酒花加入酒花添加罐，然后再利用煮沸锅中的麦汁将其冲入煮沸锅。

### 5. 麦汁的处理

热麦汁发酵前还需要进行一系列处理，包括热凝固物分离、麦汁冷却、冷凝固物分离、麦汁充氧等，才能制成发酵麦汁。

(1)酒花糟及热凝固物分离。热凝固物又称煮沸凝固物，是在煮沸过程中，麦汁中蛋白质变性和多酚物质不断氧化聚合而成，在发酵前应尽量分离。工厂多采用回旋沉淀槽法，此法是将热麦汁经泵，由槽切方向进槽，麦汁在槽内回旋产生离心力，由于在槽内转动，离心反作用力将热凝固物推向槽底部中央。

(2)麦汁冷却。麦汁冷却主要是使麦汁达到主发酵最适宜的温度 6～7 ℃，同时使大量的冷凝固物析出。冷却设备通常采用薄板冷却器。

(3)冷凝固物分离。冷凝固物是麦汁冷却至 50 ℃以下时析出的浑浊物质，与热凝固物不同的是，当将麦汁重新加热到 60 ℃以上时，麦汁中的冷凝固物又重新溶解。冷凝固物分离方法一般可在酵母繁殖槽或圆筒体锥底发酵罐中沉降除去，也可采用硅藻土过滤机或麦汁离心机除去。

(4)麦汁充氧。酵母是兼性微生物，在有氧条件下生长繁殖，在无氧条件下进行酒精发酵。酵母进入发酵阶段之前，需要繁殖到一定的数量，此阶段是需氧的。因此，要将麦汁通风，使麦汁达到一定的溶解氧含量(7～10 mg/L)。由于啤酒发酵是纯种培养，所以通入的空气应该先进行无菌处理，即空气过滤。

空气在麦汁中的溶解速度与其分散度有关，通常采用文丘里管充气。文丘里管是两端截面大、中间有缩节的管子。麦汁流过文丘里管时，由于截面减小而流速增大、压力降低，在缩节处流速最大、压力最小。在缩节处通入无菌空气时，就会被吸入麦汁中，并以微小气泡形式均匀散布于高速流动的麦汁中。

## 二、啤酒发酵

啤酒发酵需要经过主发酵、后发酵（双乙酰还原期）、降温、储酒后才能成为成熟啤酒。现代啤酒发酵多采用一罐法发酵，即四个阶段在一个圆筒体锥底发酵罐中进行。

### 1. 酵母添加

选择已培养好的零代酵母作为种子，接种量为 $0.6\% \sim 0.8\%$，接种后酵母浓度约为 $1.5 \times 10^7$ 个·$mL^{-1}$。酵母采用直接进罐法，即冷却通风后的麦汁用酵母计量泵定量添加酵母，直接泵入罐中。

### 2. 满罐时间

正常情况下，要求满罐时间不超过 24 h，满罐后每隔一天排放一次冷凝固物，共排放 3 次。

### 3. 主发酵

温度为 9 ℃左右，普通酒温度为 $(10 \pm 0.5)$ ℃，优质酒温度为 $(9 \pm 0.5)$ ℃，旺季可升高 0.5 ℃。当外观糖度降至 $3.8\% \sim 4.2\%$ 时可封罐升压。

### 4. 双乙酰还原

双乙酰（VDK）是啤酒发酵过程中的必然产物，对啤酒风味影响大，故双乙酰含量是衡量啤酒成熟的重要指标。一般可采用增加酵母接种量、提高发酵温度等措施来降低双乙酰含量。主发酵结束后，关闭冷却装置，升温至 12 ℃进行双乙酰还原，双乙酰含量降至 $0.1$ mg·$L^{-1}$ 以下时，开始降温。

### 5. 降温

24 h 内使温度由 12 ℃降至 5 ℃，保持 24 h 后，回收酵母。也可在 12 ℃发酵过程中回收酵母，以保证获得更多的高活性酵母。

### 6. 储酒

回收酵母后，圆筒体锥底发酵罐继续降温，直至 $-1 \sim 0$ ℃，并在此温度下储酒。储酒时间：淡季 7 d 以上，旺季 3 d 以上。

## 三、成品生产

啤酒经发酵，口味已经成熟，酒液也逐渐澄清，经过过滤去除悬浮微粒，酒液达到澄清透明，即可进行包装。

### 1. 啤酒的过滤和分离

啤酒过滤可采用硅藻土过滤机、板式过滤机、膜过滤机、离心机来分离悬浮物，以达到澄清的目的。

### 2. 啤酒的包装与杀菌

包装是生产啤酒的最后一道工序，对保证成品啤酒的质量和外观十分重要。过滤后的啤酒，包装前先存放于低温清酒罐中，通常同一批酒应在 24 h 内包装完毕。啤酒包装以瓶装和听（罐）装为主。

作为熟啤酒，必须在装桶前或装瓶后，采用巴氏灭菌法杀菌（即 60 ℃，处理 20 min），杀死活酵母和其他微生物，保存期为 $60 \sim 180$ d 不等。

## 7

### 实践操作

## 任务　实验室100 L啤酒的酿造

#### ■任务描述

实验室啤酒发酵设备的规格不同，根据发酵设备的大小准备相应的酵母菌种、大麦芽、酒花，大麦芽经过粉碎、糖化、过滤制成麦芽汁，煮沸麦芽汁，添加酒花，冷却后接种酵母进行啤酒的酿造。

#### ■任务材料

(1)菌种。市售的活性干酵母或啤酒生产用酵母菌株(Saccharomyces cerevisiae)。

(2)原料。大麦芽、酒花。

(3)器材。糖化锅、发酵罐、冰水罐、薄板换热器等。

#### ■任务实施

全麦啤酒生产工艺流程如下。

处理水 + 粉碎的麦芽→糖化使蛋白质和淀粉分解→过滤后煮沸加入酒花→冷却→添加酵母菌种，通入无菌空气→发酵(发酵周期为8～12 d最佳)→出酒

(1)大麦芽的粉碎。取大麦芽20 kg，用少量的水浸润湿5 min，用对辊式粉碎机粉碎。

(2)麦芽汁制备。将麦芽粉添加入已有水(麦芽与水的最终比例是1∶5，在糖化的时候加2～3倍水)的糖化锅内，加热温度升高至45～50 ℃，保温30 min，使麦芽中的蛋白质在蛋白酶的作用下降解，继续加热到65 ℃保温约2 h，在α-淀粉酶、β-淀粉酶作用下使麦芽中的淀粉糖化成可发酵型糖，用碘液检测糖化程度，等碘液呈色反应消失时，用糖度计测糖度，即可抽滤。

糖化温度因不同的实验环境存在差异，此处仅供参考。

(3)煮沸麦汁并添加酒花。将过滤好的麦芽汁用麦汁泵打入煮沸锅，用热水清洗麦糟后再用麦汁泵打入煮沸锅，煮沸90 min左右，称取适量酒花加入煮沸的麦芽汁，这一步起到起色、消毒、麦汁澄清的作用，并可呈现出酒花特有的芳香与苦味。

添加酒花的方法：采用三次添加法，添加酒花的量大约为总量的0.06%。以煮沸90 min为例：初沸10 min后加入总量的20%左右；煮沸40 min左右加入总量的40%～50%；煮沸终了前10 min，加入剩余的量。

(4)酵母的扩培及接种。酵母活化→菌种扩培(试管培养、三角瓶扩大培养)。有些实验室用干酵母直接接种，接种量为1 g/L麦芽汁，接种前将酵母粉用麦芽汁活化2 h，然后将扩培好的酵母菌在无菌条件下用麦汁泵打入已清洗消毒的发酵罐内。

(5)麦汁的澄清与冷却。麦汁煮沸过程会出现冷凝固物(酒花剩余物和不溶性的蛋白质)，把这些冷凝固物通过回旋沉淀的方法沉淀下来，从麦汁中分离掉，经分离后的热麦汁用麦汁泵通过薄板换热器急速冷却至适于发酵的温度8～12 ℃，直接通入已经接种的发酵罐，同时向麦汁中通入氧气10 min，以利于酵母生长繁殖。

(6)发酵。

1)前发酵。12 ℃条件下发酵3～4 d，压力为0～0.03 MPa，每天从排污口排污一次。

2)封罐(还原)。当发酵液的糖度下降到4.2 °Bx左右时封罐，压力升至0.09 MPa，大约4 d时间，观察双乙酰还原情况，若无馊味或双乙酰值经检测已降低为0.1 mg·L$^{-1}$，则主发酵阶

段结束，转入后发酵阶段。

3）后发酵。还原结束后，在24 h内把温度降到1 ℃，并保持压力0.09 MPa，维持3 d以上即可饮用。

降温到5 ℃左右，可以从下端回收酵母，先排出来的酵母弃掉，待酵母中没有杂质后开始回收，4 ℃冷藏保存，待下次发酵利用，酵母的使用代数不能超过6代。

**■任务报告**

1. 任务目的要求
2. 任务材料准备
3. 任务实施方案
4. 任务结果分析

**■任务反思**

**■任务评价**

教师根据学校的具体情况设置评价标准。

## 项目小结

啤酒酒精含量低、营养丰富，是世界上产量最大的饮料酒。啤酒以大麦、酒花为基本原料，经制麦芽、粉碎、糖化、煮沸、澄清等工序制备澄清的麦芽汁，接种啤酒酵母发酵而成。

啤酒度不是指酒精含量，而是指酒液原汁中麦芽汁浓度的质量百分比。

啤酒的分类方法有很多。按照啤酒酵母的种类可分为上面发酵啤酒和下面发酵啤酒；按照色泽可分为淡色啤酒、浓色啤酒、黑色啤酒；按照杀菌工艺可分为鲜啤酒、熟啤酒和纯生啤酒；按照原麦芽汁浓度可分为低浓度啤酒、中浓度啤酒和高浓度啤酒。

## 思 考 题

1. 啤酒酿造中加入酒花的功能是什么？
2. 啤酒酿造中加入辅料的目的是什么？
3. 简述啤酒糖化的工艺。

# 项目八　发酵乳制品的生产工艺

## 项目资讯 📄

### 内蒙古农业大学张和平教授入选全球微生物顶尖科学家

张和平教授，博士研究生导师，获批国家杰出青年、长江学者特聘教授、国家"万人计划"科技创新领军人才、全国农业科研杰出人才和全国先进工作者，获何梁何利基金创新奖，国家科学技术进步二等奖，内蒙古自治区自然科学一等奖、科技进步一等奖和特别贡献奖等，担任十四届全国政协委员。

张和平教授长期扎根西部，从事乳酸菌基础理论和工程技术开发应用研究三十余年，在乳酸菌种质资源库和基因组数据库、优良菌株智能筛选和制剂产业化工程技术推进方面作出了积极贡献。从全球 6 大洲 30 个国家，采集自然发酵乳制品等样品 5 938 份，分离保藏乳酸菌 43 613 株，建成了全球最大、种类最全的原创性乳酸菌种质资源库，入选首批国家农业微生物种质资源库。张和平教授在国际上率先启动"乳酸菌万株基因组计划"，完成了 11 678 株乳酸菌基因组解析工作，建成了全球最大的乳酸菌基因组数据库，收录 62 891 条乳酸菌基因组序列，为乳酸菌物种注释、功能解析和深度开发利用提供分析平台；基于人工智能和肠道微生物作用，建立了益生乳酸菌精准筛选技术，解决了发酵乳行业缺乏"芯片"的技术难题，实现了乳酸菌菌种及发酵剂的国产化；攻克乳酸菌制剂产业化工程关键技术，解决了乳酸菌制剂规模化加工的"卡脖子"难题，推动乳业高质高效发展；开发了适合奶牛养殖的乳酸菌制剂和青贮发酵剂，推升奶牛绿色养殖。

## 项目描述 💬

发酵乳制品是原料乳在特定微生物的作用下，通过乳酸菌发酵或乳酸菌、酵母菌共同发酵制成的酸性乳制品。发酵乳制品是一类乳制品的综合名称，种类很多，包括酸奶、发酵酪乳、酸奶酒、乳酒(以马奶酒为主)等。本项目以酸乳发酵作为学习重点。

## 学习目标 🎯

(1)掌握酸乳的定义及分类。

(2)了解酸乳的营养价值。

(3)熟悉乳制品发酵剂的种类及其应用。

(4)熟悉发酵剂的制备工艺。

(5)掌握凝固型酸乳的生产工艺。

# 知识点  学习发酵乳的基础知识

## 一、概述

发酵乳，以酸乳作为代表，酸乳俗称酸奶，属于民生产品，酸奶是我国众多乳制品品种中增长最快的，产量呈现明显上升趋势，且远远高于其他乳制品细分领域的发展。

### (一)酸乳的定义及分类

联合国粮食及农业组织(FAO)、世界卫生组织(WHO)与国际乳品联合会(IDF)于 1977 年对酸乳作出如下定义：酸乳是指添加(或不添加)乳粉或脱脂乳粉的乳中(杀菌乳或浓缩乳)，由保加利亚乳杆菌、嗜热链球菌等微生物的乳酸发酵作用制成的凝乳状产品，成品中必须含有大量的、相应的活性微生物。

按照不同的分类标准，酸乳的分类有以下几种：按生产方法可分为凝固型酸乳和搅拌型酸乳两类；按脂肪含量高低可分为高脂酸乳、全脂酸乳、低脂酸乳、脱脂酸乳四类；按口味可分为纯酸乳和风味酸乳两类。

### (二)酸乳的营养价值

#### 1. 酸乳制品营养丰富

酸乳具有原料乳所能提供的所有营养物质，且将牛乳中的蛋白质和乳糖分解，易于人体消化吸收。

#### 2. 调节人体肠道菌群

酸乳可调节人体肠道中微生物菌群的平衡，抑制肠道有害菌群生长，减弱腐败菌在肠道内产生毒素。

#### 3. 降低人体胆固醇

大量进食酸乳可以降低人体胆固醇水平，特别适宜高血脂人群饮用。

#### 4. 其他保健作用

酸乳可合成某些抗菌素，提高人体抗病能力；缓解"乳糖不耐受症"，对那些因乳糖不耐受而无法享用牛奶的人来说，酸乳是个很好的选择；常饮酸乳还有美容、润肤、明目、固齿等作用。

## 二、发酵剂的选择与制备

发酵剂是制造酸乳、干酪、奶油及其他发酵乳制品所用的特定微生物培养物，此培养物一般为液状或固形粉末。用于直接制造产品的发酵剂称为生产发酵剂，为了制备生产用发酵剂预先制备的发酵剂称为母发酵剂或种子发酵剂。

### (一)发酵剂的分类

#### 1. 按照发酵阶段分类

通常用于乳酸菌发酵的发酵剂有四个阶段，即四种类型。

(1)乳酸菌纯培养物。乳酸菌纯培养物即一级菌种，一般多接种在脱脂乳、乳清、肉汁等培养基中，或者用升华法制成冻干粉状菌苗（能较长时间保存并维持活力）。当生产单位取到菌种后，即可将其移植于灭菌脱脂乳中，恢复活力以供生产需要。实际上一级菌种的培养就是纯乳酸菌种转种培养、恢复活力的一种手段。

(2)母发酵剂。母发酵剂即一级菌种的扩大再培养，是生产发酵剂的基础。母发酵剂的质量优劣直接关系到生产发酵剂的质量。

(3)中间发酵剂。为了适应工业化生产，需要制备生产发酵剂，而当母发酵剂的量不足以满足生产发酵剂的要求时，母发酵剂需经1~2步逐级扩大培养，这个中间过程的发酵剂即中间发酵剂。

(4)生产发酵剂。生产发酵剂又称工作发酵剂，母发酵剂经过中间发酵剂阶段后的扩大培养物即生产发酵剂，是直接用于实际生产的发酵剂。

### 2. 按照菌种分类

发酵剂也可根据菌种种类将其分为单一发酵剂、混合发酵剂和补充发酵剂。

(1)单一发酵剂。单一发酵剂是指只含有一种微生物菌种的发酵剂。

(2)混合发酵剂。混合发酵剂由两种或两种以上的菌种按照一定比例混合而成。制备混合发酵剂须将每一种菌株单独活化，生产时再将各菌株混合在一起。例如，保加利亚乳杆菌和嗜热链球菌按1∶1或1∶2的比例混合，制成酸乳发酵剂。

(3)补充发酵剂。补充发酵剂是为了增加酸乳的黏稠度、风味或增强产品的保健功效而额外添加的发酵剂，有产黏发酵剂、产香发酵剂、干酪乳杆菌、嗜酸乳杆菌、双歧杆菌等菌种。补充发酵剂一般可单独培养或混合培养后加入乳中。

### (二)发酵剂的选择

选择质量优良的发酵剂应从产酸能力、后酸化、产香性、黏性物质的产生、蛋白质的水解活性等几个方面进行考虑。

#### 1. 产酸能力

不同的发酵剂产酸能力会有很大的不同。判断发酵剂产酸能力的方法有两种，即测定酸度和产酸曲线。产酸能力强的发酵剂在发酵过程中容易导致产酸过渡和后酸化过强，所以，生产中一般选择产酸能力中等或较弱的发酵剂。

#### 2. 后酸化

后酸化是指酸乳生产中，在终止发酵后，发酵剂菌种在冷却和冷藏阶段仍能继续缓慢产酸的过程，它包括三个阶段：从发酵终点(42 ℃)冷却到19 ℃或20 ℃时酸度的增加；从19 ℃或20 ℃冷却到10 ℃或12 ℃时酸度的增加；在冷库中冷藏阶段(0~7 ℃)酸度的增加。酸乳生产中应选择后酸化尽可能弱的发酵剂，以便控制产品的质量。

#### 3. 产香性

一般酸乳发酵剂产生的芳香物质为乙醛、丁二酮、丙酮和挥发性酸。评价发酵剂的产香性通常有以下三个途径。

(1)感官评价。进行感官评价时应考虑样品的温度、酸度和存放时间对品评的影响。品尝时样品温度应为常温，因为低温对味觉有阻碍作用；酸度不能过高，酸度过高会将香味完全掩盖；样品要新鲜，用生产24~48 h内的酸乳进行品评为佳，因为这段时间是滋味、气味和芳香味物质的形成阶段。

(2)挥发性酸的量。可通过测定挥发性酸的量来判断芳香物质的产生量。挥发性酸含量越高就意味着产生的芳香物质含量越高。

(3)乙醛的生成能力。酸乳的典型风味是由乙醛形成的，不同的菌株产生乙醛的能力不同，因此，乙醛的生成能力是选择优良菌株的重要指标之一。

#### 4. 黏性物质的产生

发酵剂在发酵过程中产生的黏性物质有助于改善酸乳的组织状态和黏稠度，特别是酸乳干物质含量不太高时显得尤为重要。但一般情况下，产黏发酵剂对酸乳的发酵风味会有不良影响，产品风味稍差些，所以产黏发酵剂往往作为补充发酵剂，与其他发酵菌株混合使用。

#### 5. 蛋白质的水解活性

乳酸菌的蛋白水解活性有强有弱，如嗜热链球菌在乳中只表现很弱的蛋白水解活性，保加利亚乳杆菌则可表现较高的蛋白水解活性，能将蛋白质水解，产生大量的游离氨基酸和肽类。影响发酵剂蛋白质水解活性的因素主要有以下几个方面。

(1)温度。低温下，如 3 ℃冷藏，蛋白质水解活性降低，常温时蛋白质水解活性增强。

(2)pH 值。不同的蛋白水解酶具有不同的最适 pH 值，pH 值过高易积累蛋白质水解的中间产物，给产品带来苦味。

(3)菌种与菌株。嗜热链球菌和保加利亚乳杆菌的比例和数量会影响蛋白质的水解程度。不同菌株其蛋白质水解活性也有很大的不同。

(4)储藏时间。发酵剂储藏时间长短对蛋白质水解作用也有一定的影响。

### (三)发酵剂的制备

制备发酵剂最常用的培养基是脱脂乳，但也可用特级脱脂乳粉按 9%～12% 的干物质比例制成的再制脱脂乳替代。中间发酵剂和生产发酵剂的制备工艺与母发酵剂的制备工艺基本相同，包括以下六个步骤。

#### 1. 培养基的热处理

把培养基加热到 90～95 ℃，并在此温度下保持 30～45 min。热处理能改善培养基的一些特性：破坏噬菌体，消除抑菌物质，蛋白质发生一些分解，排除溶解氧，杀死原有的微生物。

#### 2. 冷却至接种温度

热处理后，培养基须冷却至接种温度。接种温度根据使用的发酵剂类型而定。常见的接种温度范围：嗜温型发酵剂为 20～30 ℃，嗜热型发酵剂为 42～45 ℃。

#### 3. 加入发酵剂

接种时要求确保发酵剂的质量稳定，接种量、培养温度和培养时间在所有阶段都必须保持不变。

#### 4. 培养

培养时间一般为 3～20 h。最重要的一点是温度必须严格控制，不允许污染源与发酵剂接触。在酸乳生产中，接种量为 2.5%～3%，培养时间为 2～3 h，球菌和杆菌比例为 1：1，最适接种和培养温度为 43 ℃。在培养期间，制备发酵剂的人员要定时检查酸度发展情况，并随程序要求检查以获得最佳效果。

#### 5. 冷却

当发酵达到预定的酸度时开始冷却，阻止菌种的生长，以保证发酵剂具有较高活力。当发酵剂要在 6 h 之内使用时，经常把它冷却至 10～20 ℃即可。如果储存时间超过 6 h，建议发酵剂冷却至 5 ℃左右。

#### 6. 储存

储存发酵剂最好的方法是冷冻，温度越低，保存时间越长。一般用液氮冷冻到－160 ℃来保存发酵剂，效果很好。目前的冷冻发酵剂类型有浓缩发酵剂、深冻发酵剂、冷冻干燥发酵剂，在推荐的冷冻条件下能够保存相当长的时间。

**实践操作**

# 任务 凝固型酸乳的制作

## ■任务描述

乳酸菌在乳中生长繁殖，分解乳糖形成乳酸，乳中的 pH 值随之下降，使乳中的酪蛋白在其等电点附近形成沉淀凝集物，成为胶凝状态的酸乳，这种酸乳就叫作凝固型酸乳（酸奶）。

凝固型酸乳具有浓郁的天然发酵香气，细腻滑爽、质地稠厚、酸甜适宜、回味无穷，可有效缓解乳糖不耐症，能够抑制肠道内的有害菌，促进有益菌的活动，还有抗癌作用，因此深受广大群众喜爱，在乳制品领域中具有较强的竞争优势。

本任务选择新鲜乳为原料，要求色泽呈乳白色或微黄色，气味芳香、无异味，总乳固体不低于 11.5%，非脂乳固体大于 8.5%。原料乳经过杀菌处理，选用嗜热链球菌和保加利亚乳杆菌的混合菌，或市售酸乳作为发酵菌种进行凝固型酸乳的发酵。

## ■任务实施

### 1. 酸乳瓶消毒

将酸乳瓶置入不锈钢锅中用沸水煮 15 min。

### 2. 牛乳的净化

利用特别设计的离心机，除去牛乳中的白细胞和其他肉眼可见的异物。

### 3. 脂肪含量标准化

鲜奶中脂肪含量比较高，为了避免酸奶中有脂肪析出，需要对鲜奶的脂肪含量进行调整使其达到标准。可以在脂肪含量高的牛乳中加入一定体积的脱脂乳，或通过分离机从牛乳中分离出稀奶油，然后在得到的脱脂乳中再掺入一定量的稀奶油，使调制乳的脂肪含量达到要求。

### 4. 配料

（1）奶粉的添加。经脂肪含量标准化处理的原料乳（或按 1∶7 的比例加水将奶粉配制成复原牛奶），需添加脱脂奶粉，添加量为 1%～3%，可使酸奶有一定的硬度。

（2）蔗糖的添加。在原料乳中加入 4%～8% 的蔗糖（白砂糖），先将原料乳加热到 60 ℃左右，然后加入蔗糖，待糖溶解后，过滤除杂，再进行预热、均质处理。

### 5. 均质

先将原料乳加热到 60 ℃左右，然后在均质机中，在 8～10 MPa 压力下对原料乳进行均质处理。

### 6. 灭菌冷却

采用巴氏杀菌法对均质后的原料乳进行灭菌，根据实验室条件，两种灭菌方法任选其一，一种方法是将原料乳加热至 95 ℃，保温 5 min；另一种方法是将原料乳置于 80 ℃恒温水浴锅中灭菌 15 min。

将灭菌处理后的原科乳迅速冷却到 43～45 ℃，准备接种。

### 7. 接种

向 43～45 ℃灭过菌的原料乳中加入工作发酵剂，可用嗜热链球菌和保加利亚乳杆菌的混合菌，也可用市售酸乳作为发酵菌种，接种量为 2%～3%。

### 8. 分装

应在无菌室中进行分装操作，要先分装，再发酵。先将含有乳酸菌的牛乳培养基分装到灭过菌的酸奶瓶中，加盖后再放入恒温培养箱培养，牛乳在酸奶瓶中发酵形成酸奶。

### 9. 发酵

将酸奶瓶置于恒温培养箱中进行发酵，恒温箱的温度保持在 40～43 ℃，时间为 3～4 h，或 30 ℃培养 18～20 h。酸乳达到凝固状态、表面有少量水痕时即可终止发酵。

### 10. 冷却

发酵结束，将酸奶从培养箱中取出，用冷风迅速将酸奶温度冷却至 10 ℃以下，使酸奶中的乳酸菌停止生长。

### 11. 后熟

酸奶冷却后，移放进冷藏室或冰箱进行储存和后熟处理，在 4～7 ℃下保持 24 h 以上，在此期间酸奶可获得酸奶特有的风味和口感。

### 12. 品味

酸奶应有凝块，质地细腻、酸甜适中、清新爽口，若有不良异味，则很可能是酸奶污染了杂菌。

■**任务报告**

1. 任务目的要求
2. 任务材料准备
3. 任务实施方案
4. 任务结果分析

■**任务反思**

■**任务评价**

教师根据学校的具体情况设置评价标准。

## 项目小结

1. 发酵乳以酸乳(酸奶)为代表，主要有凝固型酸乳和搅拌型酸乳两类。

2. 酸乳制品营养丰富，具有多项保健功能。

3. 发酵剂是制作发酵乳制品的特定微生物的培养物，内含一种或多种活性微生物。

4. 发酵剂的作用是进行乳酸发酵，分解乳糖产生乳酸，同时产生挥发性风味物质丁二酮、乙醛等，使产品具有典型的发酵乳风味。

5. 凝固型酸乳的生产方法是在接种生产发酵剂后，立即进行包装，并在包装容器内进行发酵、成熟。

## 思 考 题

1. 酸乳的概念是什么？

2. 酸乳的分类有哪些？

3. 发酵剂的分类有哪些？

4. 用于生产酸乳的发酵剂如何制备？

5. 凝固型酸乳的制作工艺是什么？

8

# 项目九　谷氨酸的发酵

味精作为烹调中常用的调味品，从发现至今，人们对其安全性的争议层出不穷，尤其是"味精致癌"的说法被大肆传播。该说法认为味精中的主要成分谷氨酸钠在温度超过 120 ℃时，会转变为焦谷氨酸钠，具有致癌性。然而，此说法并没有科学依据。在动物试验、生理功效和临床方向通过安全性评估，国际食品法典委员会、世界卫生组织、美国食品药品监督管理局等多个权威机构一致认为味精的使用是安全的。1973 年世界卫生组织食品添加剂专家联合组织规定，味精的每日允许摄入量(Acceptable Daily Intake，ADI)为 0～120 mg，即每天每千克体重摄入量不超过 120 mg，但 1987 年和 2004 年再次评估后，将安全摄入量改为"无须限制"。然而，欧洲食品安全局于 2017 年建议将谷氨酸钠的 ADI 设为 30 mg/(kg·d)，并认为目前人群的实际暴露量已超过此 ADI，在某些食品中应规定添加限量。

## 项目描述 🖥

本项目主要包括谷氨酸发酵工艺和实验室谷氨酸发酵实训两个任务。每个任务从产品概述入手，介绍谷氨酸产品的性状、生产方法、功能应用等情况；接着从谷氨酸产品的生产菌种、原料、培养基制备、菌种扩培、发酵工艺控制、产品提取工艺等方面详细地呈现了谷氨酸发酵生产过程。

## 学习目标 🎯

(1)了解氨基酸的生产方法及功能应用。

(2)了解谷氨酸产品的发酵生产工艺和产品提取工艺。

(3)掌握类似谷氨酸好氧发酵产品的菌种扩培方法、发酵工艺控制及提取工艺流程。

(4)能应用所学的知识举一反三，进行其他好氧发酵产品的发酵生产。

## 知识链接 🧪

## 知识点一　氨基酸、谷氨酸认知

### 一、氨基酸认知

氨基酸是构成蛋白质的基本单位，是合成人体激素、酶及抗体的原料，参与人体新陈代谢和各种生理活动，在生命中显示特殊作用。因此，各种不同的氨基酸可以用来治疗不同的疾病。不但氨基酸本身有治疗作用，氨基酸的衍生物也有治疗作用。20多年来，氨基酸在医药、保健方面的应用进展迅速。

40多年来，国内外在研究、开发和应用氨基酸方面均取得重大进展，新发现的氨基酸种类和数量已由20世纪60年代的50种左右，发展到20世纪80年代的400种，目前已达1 000多种。其中，用于药物的氨基酸及氨基酸衍生物的品种达100多种。氨基酸分为两大类，即蛋白质氨基酸和非蛋白质氨基酸。

氨基酸中有8种氨基酸人体本身不能合成，只能从食物的蛋白质中摄取，称为必需氨基酸，它们是L-赖氨酸、L-色氨酸、L-苏氨酸、L-缬氨酸、L-亮氨酸、L-异亮氨酸、L-苯丙氨酸和L-蛋氨酸，还有两种半必需氨基酸，即精氨酸和酪氨酸。

氨基酸生产方法可分为蛋白质水解法、化学合成法、发酵法(分为直接发酵法和前体添加发酵法)和酶法四种。

(1)蛋白质水解法是最早应用的氨基酸生产方法，它是以豆粕为原料，采用酸水解大豆蛋白的方法来获取氨基酸，如早期味精的生产方法。

(2)化学合成法是利用有机合成和化学工程相结合的技术制备或生产氨基酸的方法。化学合成法与发酵法相比，最大的优点是氨基酸品种上不受限制，除制备天然氨基酸外，还可用于制备各种特殊结构的非天然氨基酸。化学合成法可以采用多种原料和多种工艺路线，生产规模大，产品容易分离提纯，特别是多种低价原料的提供。但相对而言，合成工艺比发酵法工艺更复杂，化学合成法今后的研究方向是简化工艺。

(3)发酵法是借助微生物具有合成自身所需各种氨基酸的能力，通过对菌株的诱变等处理，选育出各种营养缺陷型及抗性的变异株，以解除代谢调解中的反馈与阻遏，达到过量合成某种氨基酸的目的。氨基酸发酵是典型的代谢控制发酵。1940年开始采用发酵法，主要从自然界野生菌中经过诱导或突变筛选出营养缺陷型及抗性的变异株，现在20多种氨基酸大都能够用发酵法生产，产量最大的是谷氨酸，其次为赖氨酸。

(4)酶法是利用特定的酶作为催化剂，由底物经过催化生成的氨基酸产品，具有反应时间短、工艺简单、纯度高、收率高等优点。目前，酶法生产的氨基酸有十多种，如L-丙氨酸、L-色氨酸、L-丝氨酸等。

## 二、谷氨酸认知

味精是调味料的一种，主要成分为谷氨酸钠。谷氨酸钠由谷氨酸和钠离子合成，氨基酸是构成生物体的基本物质，是合成人体激素、酶及抗体的原料，参与人体新陈代谢和各种生理活动，在生命中具有特殊生理作用。谷氨酸的化学名称为α-氨基戊二酸，分子式为$C_5H_9NO_4$，分子量为147.130 76，是一种酸性氨基酸，分子内含有两个羧基，为无色晶体，有鲜味，微溶于水，而溶于盐酸溶液，等电点是3.22。谷氨酸大量存在于谷类蛋白质中，动物脑中含量也较多。

味精的主要成分——谷氨酸钠进入肠胃以后，很快分解出谷氨酸，谷氨酸是由蛋白质分解的产物，是氨基酸的一种，可以被人体直接吸收，在人体内能起到改善和保持大脑机能的作用。谷氨酸钠在100 ℃时就会被分解破坏，因此，做汤、烧菜时放味精，能够使味精分解，大部分谷氨酸钠变成焦谷氨酸钠。这样不但丧失了味精的鲜味，而且所分解出的焦谷氨酸钠还有一定的毒性。所以不要将味精与汤、菜放在一起长时间煎煮，必须在汤、菜做好之后再放。碱性食品不宜使用味精，因为碱会使味精发生化学变化，产生一种具有不良气味的谷氨酸二钠，失去调味作用。

谷氨酸在生物体内的蛋白质代谢过程中占重要地位，参与动物、植物和微生物中的许多重要化学反应。谷氨酸可生产许多重要下游产品如 L-谷氨酸钠、L-苏氨酸、聚谷氨酸等。氨基酸作为人体生长的重要营养物质，不仅具有特殊的生理作用，而且在食品工业中具有独特的功能。谷氨酸钠俗称味精，是重要的鲜味剂，对香味具有增强作用。谷氨酸钠广泛用于食品调味剂，既可单独使用，又能与其他氨基酸等并用。谷氨酸为世界上氨基酸产量最大的品种，作为营养药物可用于皮肤和毛发。用于生发剂，能被头皮吸收，预防脱发并使头发新生，对毛乳头、毛母细胞有营养功能，并能扩张血管，增强血液循环，有生发防脱发功效。用于皮肤，对治疗皱纹有疗效。脑组织只能氧化谷氨酸，而不能氧化其他氨基酸，故谷酰胺可作为脑组织的能量物质，改进维持大脑机能。谷氨酸作为神经中枢及大脑皮质的补剂，对于治疗脑震荡或神经损伤、癫痫及对智力障碍儿童均有一定疗效。在工业上，聚谷氨酸可降解塑料，是环境友好材料。

谷氨酸发酵是典型的代谢控制发酵。谷氨酸的大量积累不是由于生物合成途径的特异，而是菌体代谢调节控制和细胞膜通透性的特异调节及发酵条件的适合。

谷氨酸产生菌主要是棒状类细菌，这类细菌中含质粒较少，而且大多数是隐蔽性质粒，难以直接作为克隆载体，而且此类菌的遗传背景、质粒稳定尚不清楚，在此类细菌这种构建合适的载体困难较多。需要对它们进行改建，将棒状类细菌质粒与已知的质粒进行重组，构建成杂合质粒。受体菌选用短杆菌属和棒杆菌属的野生菌或变异株，特别是选用谷氨酸缺陷型变异株为受体，便于从转化后的杂交克隆中筛选产谷氨酸的个体，用谷氨酸产量高的野生菌或变异菌作为受体效果更好。供体菌株选择短杆菌及棒杆菌属的野生菌或变异株，只要具有产谷氨酸能力都可选用，但选择谷氨酸产量高的菌株作为供体效果最好。这样就可以较容易地在棒状类细菌中开展各项分子生物学研究。有了合适的载体及其转化系统后，就可通过 DNA 体外重组技术进行谷氨酸发酵。

# 知识点二　谷氨酸的发酵工艺

## 一、谷氨酸合成途径

谷氨酸合成途径主要包括糖酵解途径（EMP）、磷酸戊糖途径（HMP）、三羧酸循环（TCA）、乙醛酸循环等。谷氨酸产生菌糖代谢的一个重要特征是 α-酮戊二酸氧化能力微弱，尤其在生物素缺乏条件下，三羧酸循环到达 α-酮戊二酸时代谢即受阻，在铵离子存在下，α-酮戊二酸由谷氨酸脱氢酶催化，经还原氨基化反应生成谷氨酸。

## 二、谷氨酸发酵工艺

菌种的选育→培养基配制→斜面培养→一级种子培养→二级种子培养→发酵（发酵过程参数控制通风量、pH 值、温度、泡沫）→发酵液→谷氨酸分离提取（图 9-1、图 9-2）。

## 三、谷氨酸生产原料及其处理

### （一）谷氨酸生产菌种

目前用于谷氨酸发酵的主要菌种有谷氨酸棒状杆菌属（北京棒杆菌、钝齿棒杆菌）、短杆菌属（黄色短杆菌、天津短杆菌）。在已报道的谷氨酸生产菌中，除芽孢杆菌外，它们都有一些共同特点，即革兰氏阳性，菌体为球形、短杆至棒状，不形成芽孢，没有鞭毛，不能运动，需要生物素作为生长因子，在通气条件下才能产生谷氨酸。

### (二)谷氨酸生产原料

谷氨酸生产的主要原料有淀粉、甘蔗糖蜜、甜菜糖蜜、醋酸、乙醇、正烷烃(液体石蜡)等。国内多数厂家以淀粉为原料生产谷氨酸,少数厂家以糖蜜为原料生产谷氨酸,这些原料在使用前一般都需进行预处理。

#### 1. 糖蜜的预处理

谷氨酸发酵采用糖蜜作为原料时,需要进行预处理,目的是降低生物素的含量。糖蜜中过量的生物素会影响谷氨酸积累。降低生物素含量常用的方法有活性炭处理法、水解活性炭处理法、树脂处理法等。

#### 2. 淀粉水解糖化

以淀粉为原料的谷氨酸生产工艺是最成熟、最典型的一种氨基酸生产工艺,但是绝大多数的谷氨酸生产菌都不能直接利用淀粉,因此,以淀粉为原料进行谷氨酸生产时,必须将淀粉质原料水解成葡萄糖后才能使用。可用来制成淀粉水解糖的原料有很多,主要有薯类、玉米、小麦、大米等,我国主要以甘薯淀粉或大米制备水解糖。淀粉水解的方法有酸解法、酶解法、酸酶(或酶酸)结合法三种。

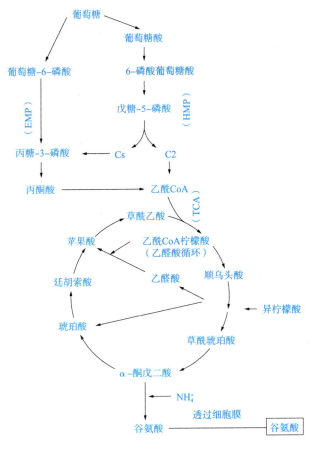

图 9-1 谷氨酸合成代谢图

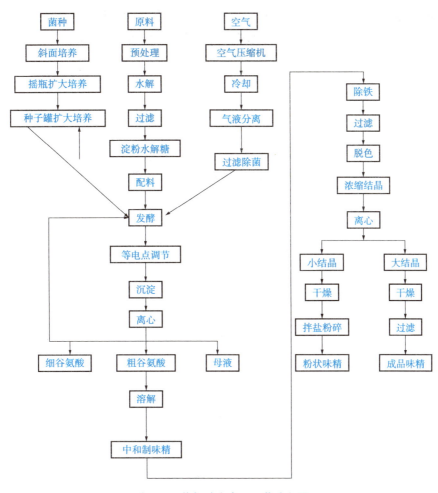

图 9-2 谷氨酸生产总工艺流程图

## (三)培养基制备

谷氨酸发酵培养基组成包括碳源、氮源、无机盐和生长因子等。

(1)碳源。目前使用的谷氨酸生产菌均不能利用淀粉,只能利用葡萄糖、果糖等,有些菌种还能利用醋酸、正烷烃等做碳源。在一定的范围内,谷氨酸产量随葡萄糖浓度的增加而增加,若葡萄糖浓度过高,由于渗透压过大,对菌体的生长很不利,谷氨酸对糖的转化率降低。国内谷氨酸发酵糖浓度为 $125\sim150$ g/L,但一般采用流加糖工艺。

(2)氮源。常见无机氮源有尿素、液氨、碳酸氢铵。常见有机碳源有玉米浆、豆浓、糖蜜。当氮源的浓度过低时会使菌体细胞营养过度贫乏形成"生理饥饿",影响菌体增殖和代谢,导致产酸率低。随着玉米浆的浓度增高,菌体大量增殖使谷氨酸非积累型细胞增多,同时,又因生物素过量使代谢合成磷脂增多,导致细胞膜增厚不利于谷氨酸的分泌造成谷氨酸产量下降。碳氮比一般控制在 $100:(15\sim30)$。

(3)无机盐。无机盐是微生物维持生命活动不可缺少的物质。其中,磷酸盐在谷氨酸发酵中非常重要,在谷氨酸发酵过程中是必需的,但浓度不能过高,否则会转向缬氨酸发酵。

(4)生长因子。以糖质为碳源的谷氨酸生产菌几乎都是生物素缺陷型,以生物素为生长因子。生物素是 B 族维生素的一种,又叫作维生素 H 或辅酶 R,生物素的作用主要影响谷氨酸生产菌细胞膜的通透性，同时，也影响菌体的代谢途径。生物素对发酵的影响是全面的，在发酵过程中要严格控制其浓度，且"亚适量"生物素有利于积累谷氨酸。实际生产中通过添加玉米浆、麸皮、水解液、糖蜜等作为生长因子的来源，来满足谷氨酸生产菌的生长。

# 知识点三　谷氨酸的提取工艺

谷氨酸提取的主要方法有等电点法、离子交换法、金属盐沉淀法、盐酸盐法和电渗析法，以及将上述某些方法结合使用的方法，目前较常用的是等电点法和离子交换法。

## 一、等电点法提取谷氨酸

谷氨酸在等电点时正负电荷相等，总静电荷等于零，形成偶极离子，此时，由于谷氨酸分子之间的相互碰撞，并通过静电引力的作用，会结合成较大的聚合体而沉淀析出。工业生产中等电点法提取谷氨酸就是根据这一特性，将发酵液 pH 值调节至 3～3.2，使谷氨酸处于过饱和状态而结晶析出。其工艺流程如图 9-3 所示。

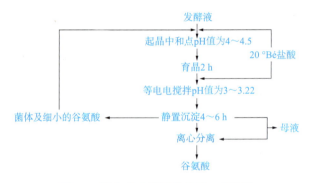

图 9-3　等电点法提取谷氨酸工艺流程

## 二、离子交换法提取谷氨酸

当发酵液的 pH 值低于 3.22 时，谷氨酸以阳离子状态存在，可用阳离子交换树脂（型号732）来提取吸附在树脂上的谷氨酸阳离子，并可用热碱液洗脱下来，收集谷氨酸洗脱组分，经冷却、加盐酸调 pH 值为 3.0～3.2 进行结晶，之后再用离心机分离即可得谷氨酸结晶。此法操作过程简单、周期短，设备省、占地少，提取总收率可达 80%～90%，但酸碱用量大且废液污染环境。其工艺流程如图 9-4 所示。由于谷氨酸发酵液中含有一定数量的 $NH_4^+$、$Na^+$ 等，它们可优先与树脂进行交换反应，释放出 $H^+$，使溶液的 pH 值降低，谷氨酸带正电荷成为阳离子而被吸附，因此，实际生产中发酵液的 pH 值并不要求必须低于 3.22，而是在 5.0～5.5 就可上柱，但需控制溶液的 pH 值不高于 6.0。

## 三、谷氨酸钠精制工序

味精生产均采用先从发酵液分离谷氨酸半成品，用 NaOH 或 $Na_2CO_3$ 进行中和转化为谷氨酸钠，经脱色、浓缩、精制而成味精的基本工艺。因此，在提取工艺中，需要完成发酵液→谷氨酸→谷氨酸钠的产品转化过程。其工艺流程如图 9-5 所示。

提取工序后得到的谷氨酸钠盐溶液进入活性炭脱色器脱色、分离，再进入离子交换柱除去 $Ca^{2+}$、$Fe^{2+}$、$Mg^{2+}$ 等金属离子。脱色液进入结晶罐进行浓缩结晶，当波美度达到 29.5 时加入晶种，蒸发结晶到 80% 时放入结晶槽。结晶槽内真空度为 0.075～0.085 MPa，温度为 70 ℃，最终浓缩液浓度波美度为 33～36，结晶时间为 10～14 h。晶体经过板框过滤机分离，得到湿晶体。这一工序中包括流体输送、非均相物系分离、蒸发等。湿晶体经过流化床干燥器干燥，细小粉尘经旋风分离回收，得到大小不同的晶体进行筛分分级，小颗粒克作为晶种添加，大颗粒进行分装，得成品。这一工序中包括流体输送、板框过滤、旋风分离等。

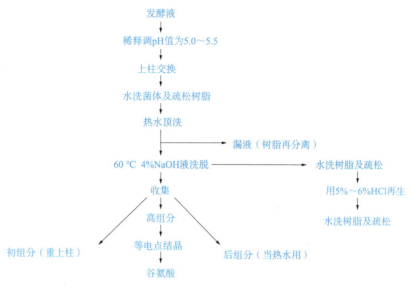

图 9-4 离子交换法提取谷氨酸工艺流程

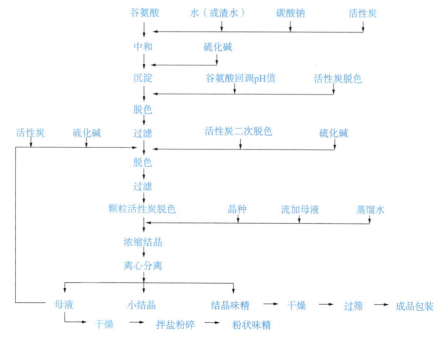

图 9-5 谷氨酸制味精的工艺流程

9

## 实践操作

# 任务 实验室谷氨酸发酵实训

谷氨酸是较为典型的代谢调控发酵，对其代谢途径和机制研究得较为透彻，学生可应用学过的微生物学和生物化学知识来理解、解释、预测发酵中出现的现象，且通过实训操作，让学生更好地了解谷氨酸发酵机制，掌握其发酵工艺，也有助于对代谢调控发酵和其他有氧发酵的理解，同时有助于对生物化学、微生物知识的融会贯通。通过本任务，掌握有氧发酵的一般工艺，熟练掌握通用机械搅拌罐的使用(表9-1)。

### 表 9-1 谷氨酸发酵试验记录表

日期：

| 时间/h | 0 | 1 | 2 | 3 | 4 | 5 | 6 | 7 | 8 | 9 | 10 | 11 | 12 | 13 | 14 | 15 | 16 | 17 | 18 |
|---|---|---|---|---|---|---|---|---|---|---|---|---|---|---|---|---|---|---|---|
| 残糖 |  |  |  |  |  |  |  |  |  |  |  |  |  |  |  |  |  |  |  |
|  |  |  |  |  |  |  |  |  |  |  |  |  |  |  |  |  |  |  |  |  |
| 尿素 |  |  |  |  |  |  |  |  |  |  |  |  |  |  |  |  |  |  |  |  |
|  |  |  |  |  |  |  |  |  |  |  |  |  |  |  |  |  |  |  |  |  |
| pH值 |  |  |  |  |  |  |  |  |  |  |  |  |  |  |  |  |  |  |  |  |
|  |  |  |  |  |  |  |  |  |  |  |  |  |  |  |  |  |  |  |  |  |
| 记录人 |  |  |  |  |  |  |  |  |  |  |  |  |  |  |  |  |  |  |  |  |
| 时间/h | 19 | 20 | 21 | 22 | 23 | 24 | 25 | 26 | 27 | 28 | 29 | 30 | 31 | 32 | 33 | 34 | 35 | 36 |  |
| 残糖 |  |  |  |  |  |  |  |  |  |  |  |  |  |  |  |  |  |  |  |
|  |  |  |  |  |  |  |  |  |  |  |  |  |  |  |  |  |  |  |  |  |
| 尿素 |  |  |  |  |  |  |  |  |  |  |  |  |  |  |  |  |  |  |  |  |
|  |  |  |  |  |  |  |  |  |  |  |  |  |  |  |  |  |  |  |  |  |
| pH值 |  |  |  |  |  |  |  |  |  |  |  |  |  |  |  |  |  |  |  |  |
|  |  |  |  |  |  |  |  |  |  |  |  |  |  |  |  |  |  |  |  |  |
| 记录人 |  |  |  |  |  |  |  |  |  |  |  |  |  |  |  |  |  |  |  |  |

# 子任务一 谷氨酸发酵菌种的制备

### ▌任务描述

谷氨酸发酵为纯种发酵，接种量为1‰，对实验室保藏的菌种进行活化和扩大培养，制备满足发酵要求的种子量。

菌种扩培的顺序是斜面菌种→一级种子→二级种子。

### 任务实施

#### 1. 斜面种子的制备

斜面培养基配方：葡萄糖 1 g/L，牛肉膏 10 g/L，琼脂 20 g/L，蛋白胨 10 g/L，氧化钠 5 g/L，pH 值为 7.0。

将原种上的菌苔划线接种到新制斜面上，37 ℃培养 24 h，制成斜面菌种。

一般于 32 ℃培养 18～24 h。每批斜面菌种培养完成后，要仔细观察菌苔生长情况，菌苔的颜色和边缘等特征是否正常，有无感染杂菌的表征。对质量有怀疑的应坚决不用。斜面菌种应保存于冰箱中。生产中使用的斜面菌种不宜多次移接，一般只移接 3 次(3 代)，以免由于菌种的自然变异而引起菌种退化。因此，有必要经常进行菌种的分离纯化和性能测定，不断提供新的斜面菌株供生产使用。

#### 2. 一级种子的制备

一级种子培养基配方如下。

(1)葡萄糖 25 g/L，硫酸镁 0.4 g/L，玉米浆 25～33 g/L，尿素 5 g/L，磷酸氢二钾 1 g/L，硫酸亚铁、硫酸锰各 0.002 g/L，pH 值为 7.0。

(2)用 1 000 mL 三角瓶装 200 mL 培养基，灭菌 30 min，冷却后接入 1/3 斜面菌苔，30～32 ℃，180 r/min 摇瓶培养 12 h。

(3)一级种子质量标准：种龄 12 h，ΔA560(560 nm 吸光度净增值) >0.5，RG(残糖)0.5% 以下，pH 值为 6.4±0.1。

#### 3. 二级种子的制备

二级种子培养基配方如下。

(1)葡萄糖 25 g/L，尿素 3.4 g/L，磷酸氯二钾 1.6 g/L，糖蜜 11.6 g/L，硫酸镁 0.43 g/L，消泡剂 0.086 mL/L，硫酸亚铁、硫酸锰各 0.002 g/L，pH 值为 7.0。

(2)接种量为 10%，摇床培养 7～8 h。

(3)二级种子质量标准：种龄 7～8 h，pH 值为 7.2，ΔA560≥0.6，杂菌检查阴性，噬菌体检查阴性。

#### 4. 并种

将每 5 瓶二级种子在无菌条件下合并在 1 000 mL 的抽滤瓶里，放入冰箱待用。

### 任务报告

1. 任务目的要求
2. 任务材料准备
3. 任务实施方案
4. 任务结果分析

### 任务反思

**任务评价**

教师根据学校的具体情况设置评价标准。

**注意事项**

对菌种的质量要求如下。

(1)显微镜下检查菌体大小均匀，呈单个或"八"字形排列，细胞呈棒状略有弯曲，革兰染色阳性。

(2)二级种子培养过程中 pH 值的变化有一定的规律，pH 值先从 6.8 上升至 8.0 左右，然后又逐步下降。一般掌握二级种子 pH 值下降到 7.0～7.2 时结束培养。若培养时间延长让 pH 值继续下降，菌体容易衰老。

# 子任务二　培养基的配制及实罐灭菌

**任务描述**

根据发酵罐的体积，配制装液量 70％体积的培养基，进行实罐灭菌。

**任务实施**

**1. 培养基的配制**

培养基配方：葡萄糖 130 g/L，硫酸镁 0.6 g/L，磷酸氢二钾 1 g/L，糖蜜 3 g/L，氢氧化钾 0.4 g/L，玉米浆粉 1.25 g/L，消泡剂 0.1 g/L，$MnSO_4$ 和 $FeSO_4$ 各 0.002 g/L，pH 值为 7.0。

另配 400 g/L 尿素溶液，装在 1 000 mL 三角瓶中，每一瓶装 800 mL，0.05 MPa 高压蒸汽灭菌 30 min，备用。

**2. 实罐灭菌**

说明：各校发酵罐的配置不同，实罐灭菌的过程不同，因此，根据实际情况来实施。

**任务报告**

1. 任务目的要求
2. 任务材料准备
3. 任务实施方案
4. 任务结果分析

**任务反思**

■**任务评价**

教师根据学校的具体情况设置评价标准。

■**注意事项**

谷氨酸发酵过程可分为长菌阶段和产酸阶段，这两个阶段对营养的要求是不同的。培养基配制时主要考虑长菌阶段的营养需求，至于产酸阶段的营养，可通过流加补料来满足，谷氨酸棒杆菌生长所需的营养物质主要有碳源、氮源、无机矿质元素和维生素等。

# 子任务三　谷氨酸发酵及其控制

■**任务描述**

培养基灭菌结束，待冷却到发酵温度，接入准备好的菌种进行发酵，控制发酵的温度、pH值、溶氧、泡沫等参数，掌握谷氨酸的中糖发酵及控制方法，了解谷氨酸高糖流加发酵工艺。

■**任务实施**

## 1. 接种

可选择以下任意一种方法将子任务一制备的二级种子接入发酵罐。

(1)火焰封口法：适用于小型发酵罐。先关小进气阀、排气阀，缓慢将罐压降低到0.01 MPa，在接种口绕上酒精棉点燃，用钳子逐步打开罐顶接种阀，并将阀盖放置在有75%酒精的培养皿内，以防污染。将菌种液在火焰封口下倒入发酵罐内，盖上接种盖，旋紧。

(2)压差接种法：是发酵行业常用的接种方法。操作步骤：①将罐顶流加口在火焰封口下连接到种子罐(实验室中可用抽滤瓶代替)侧口管道上；②将发酵罐压力加大到0.1 MPa，打开流加阀，待发酵罐和种子罐的压力平衡后，关闭流加阀；③打开发酵罐排气阀，使发酵罐压力下降到0.01~0.02 MPa(不能降为0 MPa)，关闭排气阀，使发酵罐和种子罐间形成压力差；④打开流加阀，依靠压力差将菌种压入发酵罐；⑤重复②~④步骤，直到将所有菌种压入发酵罐为止。

## 2. 发酵控制

(1)温度控制：谷氨酸发酵前期(0~12 h)为长菌期，最适温度控制在30~32 ℃，发酵12 h后进入产酸期，温度控制在34~36 ℃。由于代谢活跃，要注意冷却，防止温度过高引起发酵迟缓。

(2)pH值控制：发酵过程中产物的积累导致pH值下降，而氮源的流加(氨水、尿素)又会使pH值升高。所以控制好pH值是发酵成功的关键。当发酵醪pH值降到7.0~7.1时，应及时流加氮源。长菌期(0~12 h)控制pH值不高于8.2。产酸期(12 h以后)控制pH值为7.1~8.5，最高不超过9.0。控制pH值的手段主要有：①控制风量；②控制尿素(氨水)流加量。在流加尿素时，以少量多次为宜，特别是在发酵接近尾声时，因为尿素需要经脲酶分解产生氨后，pH值才会上升，如果一次添加过多，有可能使pH值过高，一旦发现酵醪的pH值超过8.5，应迅速减小进风量，通过减小菌体的代谢强度来降低脲酶活力。

待发酵到残糖1%以下且精耗缓慢(<0.15%/h)或残糖0.5%以下时，结束发酵，及时放罐。如果降糖缓慢，每小时的耗糖速率小于0.15%，为了提高设备利用率，可在残糖1%时提前放罐。

## 3. 谷氨酸的高糖流加发酵及其控制

(1)流加糖浆的准备：配制50%葡萄糖溶液，装入1 000 mL三角瓶中，封口膜封口后

0.05 MPa灭菌 30 min，冷却备用。

（2）在上述发酵过程中，待发酵液的残糖含量降到 5％左右，用蠕动泵流加准备好的糖浆。流加的方式有分批流加和连续流加两种。分批流加是每次流加约 1 000 mL糖浆，当残糖浓度再度降至 5％时，再次流加，如此重复，直到菌体活力降低，糖耗缓慢，pH 值下降缓慢时停止流加，发酵至残糖含量为 0.5％～1‰时放罐。连续流加是控制流加速度，使菌体消耗的糖与输入的糖基本相等，发酵液残糖含量维持在 5％左右。当菌体活力下降，不再适合继续发酵时停止流加，残糖含量消耗到 0.5％～1‰时放罐。

高糖流加发酵过程中氮源的控制同中糖发酵。

### ■任务报告

1. 任务目的要求
2. 任务材料准备
3. 任务实施方案
4. 任务结果分析

### ■任务反思

### ■任务评价

教师根据学校的具体情况设置评价标准。

### ■注意事项

（1）本试验采用中糖发酵，初始糖浓度控制在 $11\%\sim13\%$ (m/V)，在配制培养基时一次性加入。由于谷氨酸分子中含有氮素，发酵所需的氮量较多。如果尿素或液氨一次加入，势必会使pH 值偏高，影响菌体正常代谢。因此，谷氨酸在发酵过程中常根据产酸情况适时适量流加氮源。

（2）培养基中碳氮源越丰富，发酵产生的谷氨酸就越多。但碳源一次性加入过多，势必造成培养基渗透压偏高，不利于菌体的生长和代谢。为此，科研工作者开发出高糖流加发酵工艺。该工艺的初始糖浓度相对较低，待发酵液中的残糖含量降到 $4\%\sim5\%$ 时，分批或连续流加高浓度糖浆（$40\sim60$ g 葡萄糖/100 mL），并保持糖的流加量和消耗量基本一致。此法所消耗的总糖可达 20％左右，产酸最高在 12％以上。

（3）高糖流加发酵时，原初发酵培养基的体积不能过大，要预留糖流加所占的体积。流加糖

9

浆的浓度不宜高于50％，否则糖易结晶析出，特别是在冬季。

## 项目小结

1. 氨基酸是构成蛋白质的基本单位，是合成人体激素、酶及抗体的原料，参与人体新陈代谢和各种生理活动，在生命中显示特殊作用。氨基酸生产方法可分为蛋白质水解法、化学合成法、发酵法（分直接发酵法和前体添加发酵法）和酶法四种。

2. 谷氨酸是一种酸性氨基酸，化学名称为α-氨基戊二酸。谷氨酸在生物体内的蛋白质代谢过程中占重要地位，参与动物、植物和微生物中的许多重要化学反应。谷氨酸可生产许多重要下游产品如L-谷氨酸钠、L-苏氨酸、聚谷氨酸等。氨基酸作为人体生长的重要营养物质，不仅具有特殊的生理作用，而且在食品工业中具有独特的功能。谷氨酸钠俗称味精，是重要的鲜味剂，对香味具有增强作用。

3. 谷氨酸发酵的生产原料中甘薯和淀粉最为常用。谷氨酸发酵培养基组成包括碳源、氮源、无机盐和生长因子等。谷氨酸发酵工艺流程包括菌种的选育→培养基配制→斜面培养→一级种子培养→二级种子培养→发酵（发酵过程参数控制通风量、pH值、温度、泡沫）→发酵液→谷氨酸分离提取。谷氨酸生产菌是营养缺陷型，对生长繁殖、代谢产物的影响非常明显。环境控制、温度、通风量、泡沫和染菌对其发酵有巨大的影响。谷氨酸提取的基本方法有等电点结晶法、特殊沉淀法、离子交换法、溶剂萃取法、液膜萃取法。

## 思 考 题

1. 氨基酸生产方法有哪几种？各有何特点？
2. 常用的谷氨酸生产菌种有哪些？
3. 简述谷氨酸生产工艺流程。
4. 影响谷氨酸生产发酵的因素有哪些？如何控制？
5. 谷氨酸的提取方法有哪些？

# 项目十　青霉素的发酵生产

项目资讯 📄

### "菌种皇后"陶静之

青霉素是现在一种常见的抗菌药。然而，中华人民共和国成立之初，由于技术落后，全国一年生产的青霉素仅有几百克，远远不能满足人民健康的需求。物以稀为贵，当时 0.12 g 青霉素的价格就与 0.9 g 黄金的价格相当，是黄金价格的 7.5 倍。这种天价药在国内严重短缺。

在青霉素投产之初，生产所需的菌种需要从苏联空运，价格十分高。华北制药厂提出，要自主选育青霉素菌种，苏联专家对此不以为然。一名刚从复旦大学生物系毕业的大学生主动请缨，领受了选育青霉素菌种的艰巨任务，她就是后来被誉为"菌种皇后"的陶静之。经过刻苦攻关，陶静之终于在 1958 年 12 月选育出了第一株青霉素菌株，结束了菌种依赖进口的历史。在此后的几十年里，华北制药厂通过引进、消化先进技术，加大自主研发力度，抗生素生产水平逐渐步入国际先进行列，一跃成为亚洲最大的抗生素生产基地。

## 项目描述 🖥

本项目主要包括青霉素发酵工艺和青霉素发酵实训两个任务。每个任务从产品概述入手，介绍青霉素产品的性状、发酵工艺、提取精制工艺等情况；接着从青霉素产品的生产菌种、原料、培养基制备、菌种扩培、发酵工艺控制、产品提取分离、发酵过程中关键因子的测定等方面详细地呈现了青霉素生产过程的重要环节。

## 学习目标 🎯

(1)掌握发酵培养基的配制及菌种扩培。
(2)掌握青霉素发酵代谢的控制。
(3)掌握青霉素的提取精制工艺。
(4)能够运用微生物发酵的基本知识，进行青霉素的发酵生产。

## 知识链接 🧪

## 知识点一　抗生素、青霉素认知

### 一、抗生素认知

#### (一)抗生素的概念

早期，人们认为抗生素是微生物在代谢过程中产生的，在低浓度下就能抑制他种微生物的生长和活动，甚至杀死他种微生物的化学物质。由于抗生素具有杀菌能力，曾经把这类物质叫作抗菌素。随着抗生素研究和生产的发展，新的抗生素的来源正在扩大，可以是微生物、植物（如蒜素、常山碱、黄连素、长春碱、鱼腥草素等）、动物（如鱼素、红血球素等）。作用对象可以是病毒、细菌、真菌、原生动物、寄生虫、藻类、肿瘤细胞等。因此，不能把抗生素仅仅作为抗菌药物。目前，一个大多数专家所接受的定义是：抗生素是由生物（包括某些微生物、植物和动物在内）在其生命活动过程中产生的，能在低浓度下有选择地抑制或杀灭他种生物机能的低分子量的有机物质。随着抗生素合成机理和微生物遗传学理论的深入研究，目前人们已经了解到抗生素是次级代谢产物。这些物质与微生物的生长繁殖无明显关系，是以基本代谢的中间产物如丙酮酸盐、乙酸盐等作为母体衍生出来的。

### （二）抗生素的分类

抗生素的分类主要是便于研究，不同学科和科研人员因出发点不同有不同的分类体系。可根据生物来源、作用对象、化学结构、作用机制、生物合成途径、应用范围、获得途径等方面对抗生素进行分类（表 10-1）。

表 10-1　抗生素的分类

| 分类方法 | 类别 | 抗生素举例 |
| --- | --- | --- |
| 生物来源 | 放线菌：链霉菌<br>真菌：青霉菌<br>细菌：多黏杆菌<br>植物或动物 | 链霉素<br>青霉素<br>多黏菌素<br>蒜素、鱼素 |
| 作用对象 | 广谱抗生素<br>抗真菌抗生素<br>抗病毒抗生素<br>抗癌抗生素 | 氨卞青霉素（既抑制 $G^+$，又抑制 $G^-$）<br>制霉菌素<br>四环类抗生素（对立克次氏体及较大病毒有一定作用）<br>阿霉素 |
| 作用机制 | 抑制细胞壁合成<br>影响细胞膜功能<br>抑制蛋白质合成<br>抑制核酸合成<br>抑制生物能作用 | 青霉素<br>多烯类抗生素<br>四环素<br>丝裂霉素 C<br>抗霉素（抑制电子转移） |

### （三）抗生素的生产方法

#### 1. 微生物发酵法

首先利用特定的微生物，在一定条件下（培养基、温度、pH 值、通气、搅拌）使之生长繁殖，并代谢产生抗生素。再用适当的方法从发酵液中提取出来，并加以精制，最后获得抗生素成品。目前，抗生素的工业化生产主要是来自微生物的大量发酵法，其特点是成本低、周期长、波动大。

#### 2. 化学合成法

某些化学结构明确，结构比较简单的抗生素，可用化学合成法。

#### 3. 半合成法

发酵出来的抗生素再经化学合成法改造，以获得性能优良的抗生素。

### (四)抗生素的应用

抗生素应用在医疗上，可实现控制细菌感染性疾病、抑制肿瘤生长、调节人体生理功能、器官移植、控制病毒性感染等；在农业上，主要用于植物保护、促进或抑制植物生长；畜牧业主要用于禽畜感染性疾病控制、饲料添加剂；食品生产中主要用于食品的保鲜、防腐等。

医疗用抗生素应具备的条件如下。

(1)高效性(抗生素在低浓度下对多种病原菌有效)。

(2)难以使病原菌产生耐药性(临床使用时注意交叉用药，可做到有效防止)。

(3)较大的差异毒性(对人体副作用小)。

在实际应用中，合理使用抗生素的剂量十分重要。抗生素应用时剂量小，因此除质量外，常用特定的效价单位(Unit)表示，效价单位也称抗生素活性单位。

#### 1. 效价单位

最初，由于抗生素无法制得纯品，用其生物活性的大小来标示其剂量。

一个青霉素的效价单位(U)：能在50 mL肉汤培养基中完全抑制金黄色葡萄球菌标准菌株的发育的最小剂量。

一个链霉素的效价单位(U)：能在1 mL肉汤培养基中完全抑制大肠杆菌(ATCC9637)发育的最小剂量。

#### 2. 质量单位(μg)

以抗生素的有效成分(生理活性成分)的质量作为抗生素的基准单位。

## 二、青霉素认知

青霉素(Penicillin)又称盘尼西林，是人类发现的第一种抗生素，也是目前全球销量最大的抗生素。1940年，英国弗洛里(Florey)和钱恩(Chain)在前人基础上，从青霉菌培养液中制出了干燥的青霉素制品。经临床试验证明，它毒性很小，并对一些革兰氏阳性菌所引起的许多疾病有卓越疗效。

### (一)化学结构

青霉素是一族抗生素的总称，它们是由不同的菌种或不同的培养条件所得的同一类化学物质。其共同化学结构如图10-1所示，青霉素分子由侧链酰基与母核两大部分组成。母核为6-氨基青霉烷酸(6-APA)。$R_2$为羟基(—OH)，不同的侧链$R_1$构成不同类型的青霉素。

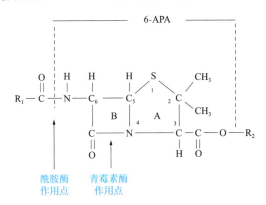

图10-1　青霉素 β-内酰胺环结构

若 $R_1$ 为苄基即苄基青霉素或称为青霉素 G。目前，已知的天然青霉素（通过发酵而产生的青霉素）有 8 种，见表 10-2，它们合称为青霉素族抗生素。其中以青霉素 G 疗效最好，应用最广泛。如不特别注明，通常所谓的青霉素即指苄基青霉素。

表 10-2　各种天然青霉素的结构与命名

| 序号 | 侧链 | 学名 | 俗名 |
|---|---|---|---|
| 1 | $HO—C_6H_4—CH_2—$ | 对羟基苄青霉素 | 青霉素 X |
| 2 | $C_6H_5—CH_2—$ | 苄青霉素 | 青霉素 G |
| 3 | $CH_3—CH_2—CH=CH—CH—$ | 戊烯青霉素 | 青霉素 F |
| 4 | $CH_3—(CH_2)_3—CH_2—$ | 戊青霉素 | 青霉素二氢 F |
| 5 | $CH_3—(CH_2)_5—CH_2—$ | 庚青霉素 | 青霉素 K |
| 6 | $CH_2=CH—CH_2—S—CH_2—$ | 丙烯硫甲基青霉素 | 青霉素 O |
| 7 | $C_6H_5O—CH_2—$ | 苯氧甲基青霉素 | 青霉素 V |
| 8 | $COOH—CH(NH_2)—(CH_2)_2—CH_2—$ | 4-氨基-4-羧基丁基青霉素 | 青霉素 N |

青霉素在青霉素酰胺酶（大肠杆菌所产生）作用下，能裂解为青霉素的母核 6-氨基青霉烷酸，它是半合成青霉素的原料；若在青霉素酶（β-内酰胺酶）等条件作用下，β-内酰胺环水解而形成青霉噻唑酸或其他衍生物。

### （二）青霉素合成原理

产黄青霉在发酵过程中首先合成其前体，即 α-氨基己二酸、半胱氨酸、缬氨酸，再在三肽合成酶的催化下，L-α-氨基己二酸（α-AAA）与 L-半胱氨酸形成二肽，然后与 L-缬氨酸形成三肽化合物，称为 α-氨基己二酰-半胱氨酰-缬氨酸（构型为 LLD）。其中，缬氨酸的构型必须是 L 型才能被菌体用于合成三肽。在三肽的形成过程中，L-缬氨酸转为 D 型。

三肽化合物在环化酶的作用下闭环形成异青霉素 N，异青霉素 N 中的 α-AAA 侧链可以在酰基转移酶作用下转换成其他侧链，形成青霉素类抗生素。如果在发酵液中加入苯乙酸，就形成青霉素 G。生产菌菌体内酰基转移酶活性高时，青霉素产量就高。对于生产菌，如果其各代谢通道畅通就可大量生产青霉素。因此，代谢网络中各种酶活性越高，越利于生产，对各酶量及各酶活性调节是控制代谢通量的关键。产黄青霉生产青霉素受下列方式调控。

（1）受碳源调控。青霉素生物合成途径中的一些酶（如酰基转移酶）受葡萄糖分解产物的阻遏。

（2）受氮源调控。$NH_4^+$ 浓度过高，阻遏三肽合成酶、环化酶等。

（3）受终产物调控。青霉素过量能反馈调节自身生物合成。

（4）受分支途径调控。产黄青霉在合成青霉素途径中，分支途径中 L-赖氨酸反馈抑制共同途径中的第一个酶——高柠檬酸合成酶。

# 知识点二　青霉素的发酵工艺

## 一、青霉素生产菌种及培养

青霉素最初生产菌为点青霉，生产能力仅为几十个单位，不能满足人们的需要。后来发现适合深层培养的新菌种——产黄青霉，生产能力达 100 U/mL，经不断诱变选育，目前平均生产能力达 66 000～70 000 U/mL，国际最高生产能力已超 100 000 U/mL(图 10-2)。

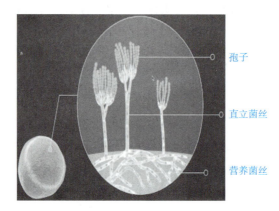

孢子

直立菌丝

营养菌丝

**图 10-2  青霉的结构**

产黄青霉在液体深层培养中菌丝可发育为两种形态，即球状菌和丝状菌。在整个发酵培养过程中，产黄青霉的生长发育可分为以下六个阶段。

(1)分生孢子萌发，形成芽管，原生质未分化，具有小泡，为Ⅰ期。

(2)菌丝繁殖，原生质嗜碱性很强，有类脂肪小颗粒产生，为Ⅱ期。

(3)原生质嗜碱性仍很强，形成脂肪粒，积累储藏物，为Ⅲ期。

(4)原生质嗜碱性减弱，脂肪粒减少，形成中、小空泡，为Ⅳ期。

(5)脂肪粒消失，形成大空泡，为Ⅴ期。

(6)细胞内看不到颗粒，并有个别自溶细胞出现，为Ⅵ期。

Ⅰ～Ⅳ期为菌丝生长期，Ⅲ期的菌体适宜为种子。Ⅳ～Ⅴ期为生产期，生产能力最强，通过工程措施，延长此期，获得高产。在第Ⅵ期到来之前结束发酵。在实际生产中，按规定时间取样，对青霉菌形态变化进行镜检，便于控制发酵。

种子培养阶段以产生丰富的孢子(斜面和米孢子培养)或大量健壮菌丝体(种子罐培养)为主要目的。因此，在培养基中应加入丰富易代谢的碳源(如葡萄糖或蔗糖)、氮源(如玉米浆)、缓冲 pH 值的碳酸钙及生长所必需的无机盐，并保持最适生长温度 25～26 ℃和充分的通气搅拌，使菌体量倍增达到对数生长期，此期要严格控制培养条件及原材料质量以保持种子质量的稳定性。

## 二、青霉素发酵工艺

### 1. 工艺流程

(1)丝状菌三级发酵工艺流程。冷冻管(孢子)→斜面母瓶(25 ℃，孢子培养，7 d)→大米孢子(25 ℃，孢子培养，7 d)→一级种子培养液(26 ℃，种子培养，56 h)→二级种子培养液(27 ℃，种子培养，24 h，1.5 vvm)→发酵液(26～27 ℃，发酵，7 d，0.95 vvm)。

(2)球状菌二级发酵工艺流程。冷冻管(孢子)→亲米孢子(25 ℃，孢子培养，6～8 d)→生产米孢子(25 ℃，孢子培养，8～10 d)→种子培养液(28 ℃，菌丝体培养，56～60 h，1.5 vvm)→发酵液(24～26 ℃，发酵，7 d，0.8 vvm)。[vvm：单位时间(min)单位发酵液体积(L)内通入的标准状态下的空气体积(L)，即 L/(L·min)]

### 2. 工艺控制

青霉素发酵是给予最佳条件培养菌种，使菌种在生长发育过程中大量产生和分泌抗生素的过程。发酵过程的成败与种子的质量、设备构型、动力大小、空气量供应、培养基配方、合理补料、培养条件等因素有关。发酵过程控制就是控制菌种的生化代谢过程，必须对各项工艺条件加以严格管理，才能做到稳定发酵。青霉素发酵属于好氧发酵过程，在发酵过程中，需不断通入无菌空气并搅拌，以维持一定的罐压和溶氧。整个发酵过程分为生长和产物合成两个阶段。其中，前一个阶段是菌丝快速生长，进入生产阶段的必要条件是降低菌丝生长速度，这可通过限制糖的供给来实现。

(1)种子质量的控制。丝状菌的生产种子是由保藏在低温的冷冻安瓿管(孢子)经甘油、葡萄糖、蛋白胨斜面移植到小米或大米固体上，25 ℃培养 7 d，孢子发育成熟，真空干燥并以这种形式保存备用。生产时把它(孢子)按一定的接种量移种到含有葡萄糖、玉米浆、尿素为主的种子罐内，26 ℃培养 56 h 左右，菌丝浓度达 6%~8%，菌丝形态正常，按 10%~15%的接种量移入以花生饼粉、葡萄糖为主的二级种子罐内，27 ℃培养 24 h，菌丝体积为 10%~12%，形态正常，效价在 700 U/mL 左右便可作为发酵种子。

球状菌的生产种子是由冷冻管孢子经混有 0.5%~1.0%玉米浆的三角瓶培养原始亲米孢子，然后移入罗氏瓶培养生产大米孢子（又称生产米），亲米和生产米均为 25 ℃静置培养，需经常观察生长发育情况，在培养到 3~4 d，大米表面长出明显小集落时要振摇均匀，使菌丝在大米表面能均匀生长，待 10 d 左右形成绿色孢子即可收获。亲米成熟接入生产米后也要经过激烈振荡才可放置恒温培养，生产米的孢子量要求每粒米 300 万只以上。亲米、生产米孢子都需保藏在 5 ℃冰箱内。

工艺要求将新鲜的生产米（指收获后的孢子瓶在 10 d 以内使用）接入以花生饼粉、玉米胚芽粉、葡萄糖、饴糖为主的种子罐内，28 ℃培养 50~60 h。当 pH 值由 6.0~6.5 下降至 5.5~5.0，菌丝呈菊花团状，平均直径在 100~130 μm，每毫升的球数为 6 万~8 万只，沉降率在 85%以上时，即可根据发酵罐球数控制在 8 000~11 000 只/mL 范围的要求，计算移种体积，然后接入发酵罐，多余的种子液弃去。球状菌以新鲜孢子为佳，其生产水平优于真空干燥的孢子，能使青霉素发酵单位的罐批差异减少。

(2)培养基成分的控制。

1)碳源。产黄青霉可利用的碳源有乳糖、蔗糖、葡萄糖等。目前生产上普遍采用的是淀粉水解糖、糖化液（DE 值 50%以上）进行流加。

2)氮源。氮源常选用玉米浆、精制棉籽饼粉、麸皮，并补加无机氮源（硫酸胺、氨水或尿素）。

3)前体。生物合成含有苄基基团的青霉素 G，需在发酵液中加入前体。前体可用苯乙酸、苯乙酰胺，一次加入量不大于 0.1%，并采用多次加入，以防止前体对青霉素的毒害。

4)无机盐。加入的无机盐包括硫、磷、钙、镁、钾等，且用量要适度。另外，由于铁离子对青霉菌有毒害作用，必须严格控制铁离子的浓度，一般控制在 30 μg/mL。

(3)发酵条件的控制。

1)加糖量控制。加糖量的控制是根据残糖量及发酵过程中的 pH 值确定，最好是根据排气中 $CO_2$ 量及 $O_2$ 量来控制，一般在残糖量降至 0.6% 左右，pH 值上升时开始加糖。

2)补氮及加前体。补氮是指加硫酸铵、氨水或尿素，使发酵液氨氮控制在 0.01%~0.05%，补前体以使发酵液中残存苯乙酰胺浓度为 0.05%~0.08%。

3)pH 值控制。对 pH 值的要求视不同菌种而异，一般 pH 值为 6.4~6.8，可以补加葡萄糖来控制。目前一般采用加酸或加碱来控制 pH 值。

4)温度控制。前期 25~26 ℃，后期 23 ℃，以减少后期发酵液中青霉素的降解破坏。

5)溶解氧的控制。一般要求发酵中溶解氧量不低于饱和溶解氧的 30%。通风比一般为

0.8 L/(L·min)，搅拌转速在发酵各阶段应根据需要而调整。

6）泡沫的控制。在发酵过程中产生大量泡沫，可以用天然油脂，如豆油、玉米油等或用化学合成消泡剂泡敌来消泡，应当控制其用量并少量多次加入，尤其在发酵前期不宜多用，否则会影响菌体的呼吸代谢。

7）发酵液质量的控制。生产上按规定时间从发酵罐中取样，用显微镜观察菌丝形态变化来控制发酵。生产上惯称"镜检"，根据"镜检"中菌丝形态变化和代谢变化的其他指标调节发酵温度，通过追加糖或补加前体等各种措施来延长发酵时间，以获得最多的青霉素。当菌丝中空泡扩大、增多及延伸，并出现个别自溶细胞时，表示菌丝趋向衰老，青霉素分泌逐渐停止，菌丝形态上即将进入自溶期，在此时期由于菌丝自溶，游离氨释放，pH值上升，导致青霉素产量下降，使色素、溶解和胶状杂质增多，并使发酵液变黏稠，增加下一步提纯时过滤的困难。因此，生产上根据"镜检"判断，在自溶期即将来临之际，迅速停止发酵，立刻放罐，将发酵液迅速送往提炼工段。

# 知识点三　青霉素的提取和精制工艺

## 一、青霉素生产工艺流程（注射用青霉素钾盐为例）

注射用青霉素钾盐工艺流程如图 10-3 所示。

图 10-3　注射用青霉素钾盐工艺流程

## 二、青霉素提取和精制工艺控制

青霉素不稳定，发酵液预处理、提取和精制过程应注意条件温和、速度快，以防止青霉素破坏。预处理及过滤、提取过程是青霉素各产品生产的共性部分，其工艺控制基本相同，只是精制过程有所差别。

（1）预处理及过滤。预处理是进行分离纯化的第一个工序。发酵液结束后，目标产物存在于发酵液中，而且浓度很低，仅 0.1%～4.5%，而杂质浓度比青霉素高几十倍甚至几千倍，它们影响后续工艺的有效提取，因此必须对其进行预处理。目的是浓缩目的产物，去除大部分杂质，改变发酵液的流变学特征，以利于后续的分离纯化过程。

发酵液放罐后，首先要冷却至 10 ℃以下。因为青霉素在低温时比较稳定，同时细菌繁殖也较慢，可避免青霉素被迅速破坏。再加入少量絮凝剂用以沉淀蛋白，然后经真空过滤机过滤，除掉菌丝体及部分蛋白，所得滤渣呈紧密饼状，易从滤布上刮下。滤液 pH 值为 6.2～7.2，蛋白质含量为 0.05％～0.2％。这些蛋白质的存在对后面提取有很大影响，必须除去。通常采用 10％ $H_2SO_4$ 调节 pH 值至 4.5～5.0，加入 0.07％溴代十五烷吡啶(PPB)，同时再加入 0.7％硅藻土作为助滤剂(增加过滤速度)，再通过板框过滤机进行二次过滤，所得滤液一般澄清透明，可进行萃取。

(2)萃取。青霉素的提取采用溶媒萃取法。青霉素游离酸易溶于有机溶剂，而青霉素盐易溶于水。利用这一性质，在酸性条件下青霉素转入有机溶媒中；调节 pH 值，再转入中性水相；反复几次萃取，即可提纯浓缩。应选择对青霉素分配系数高的有机溶剂，工业上通常用乙酸丁酯(简称 BA)和戊酯，萃取 2～3 次。从发酵液萃取到乙酸丁酯(BA)时，pH 值选择 1.8～2.2 范围内，从乙酸丁酯(BA)反萃取到水相时，pH 值选择 6.8～7.4 范围内。发酵滤液与乙酸丁酯(BA)的体积比为 1.5～2.1，即一次浓缩倍数为 1.5～2.1。为了避免 pH 值波动，可用磷酸盐、碳酸盐缓冲液进行反萃取。发酵液与溶剂比例为 3～4。几次萃取后，浓缩 10 倍，浓度几乎达到结晶要求。萃取总收率在 85％左右。

生产上一般将发酵滤液酸化至 pH 值等于 2.0，加入 1/3 体积的乙酸丁酯(用量为滤液体积的 1/3)，混合后以卧式离心机(POD 机)分离得一次 BA 萃取液，然后以 $NaHCO_3$ 在 pH 值为 6.8～7.4 条件下将青霉素从 BA 中萃取到缓冲液中；再用 10％ $H_2SO_4$ 调节 pH 值等于 2.0，将青霉素从缓冲液中再次转入 BA 中(方法同前面所述)，得二次 BA 萃取液。在一次丁酯萃取时，由于滤液含有大量蛋白，通常加入 0.05％～0.1％ PPB 防止蛋白乳化(在酸性条件下)而转入 BA 中。

萃取条件：为减少青霉素降解，整个萃取过程应在低温下进行(10 ℃以下)，萃取罐用冷冻盐水冷却。

(3)脱色。在二次 BA 萃取液中加入活性炭 150～300 g/10 亿单位，进行脱色，除去色素、热原，石棉过滤板过滤除去活性炭。

(4)结晶。萃取液一般通过结晶提纯。不同产品结晶条件控制不同，现以青霉素钾盐为例说明。

1)醋酸钾-乙醇溶液饱和盐析结晶。青霉素钾盐在醋酸丁酯中溶解度很小，因此在二次丁酯萃取液中加入醋酸钾-乙醇溶液，使青霉素游离酸与高浓度醋酸钾溶液反应生成青霉素钾，然后溶解于过量的醋酸钾-乙醇溶液中呈浓缩液状态存在于结晶液中，当醋酸钾加到一定量时，近饱和状态的醋酸钾又起到盐析作用，使青霉素钾盐结晶析出。

2)青霉素醋酸丁酯提取液减压共沸结晶。与饱和盐析结晶法一样也是由青霉素游离酸与醋酸钾反应，生成青霉素钾。所不同的是控制结晶前提取液的初始水分，使反应剂加入后，不能像饱和盐析结晶那样立即产生晶体，而是使反应生成的青霉素钾先溶于反应液的水组分中，而后随着减压共沸蒸馏脱水进行，使反应液中水分不断降低，形成过饱和溶液，晶核产生并逐渐成长，在反应液中析出，得到青霉素钾。

3)青霉素水溶液-丁醇减压共沸结晶。将青霉素游离酸的醋酸丁酯提取液用碱($KHCO_3$ 或 KOH)水溶液抽提至水相中，形成青霉素钾盐水溶液，调节 pH 值后加入丁醇进行减压共沸蒸馏。蒸馏是利用丁醇-水二组分能够形成共沸物，使溶液沸点下降，且二组分在较宽的液相组成范围内蒸馏温度稳定等特点。进行减压共沸蒸馏是为了进一步降低溶液沸点，减少对青霉素钾盐的破坏。在共沸蒸馏过程中以补加丁醇的方法将水分分离，使溶液逐步达到过饱和状态而析出结晶。

## 10

**实践操作**

# 任务　青霉素发酵实训

## 子任务一　实验室青霉素发酵

### ■任务描述

生产上一般将米孢子接入种子罐经二级扩大培养后，移入发酵罐进行发酵，所制得的含有一定浓度青霉素的发酵液经适当的预处理，再经提炼、精制、成品分包装等工序最终制得符合药典要求的成品。本任务是在实验室通过产黄青霉菌株的扩大培养，根据实际情况选择不同规格的发酵罐进行发酵、发酵参数的控制，训练小型发酵罐的空消、实消、接种、发酵监控等操作技能。

### ■任务材料

(1)菌种。产黄青霉菌株(安瓿瓶冷冻孢子)。

(2)染液。乳酸石炭酸棉蓝染色液。

(3)培养基。察氏琼脂培养基、大米培养基、种子培养基、发酵培养基。

(4)其他。小型二联体发酵罐及发酵系统、小型冻干机、生物传感分析仪、可见光-分光光度计、小型离心机、试管、茄形瓶、显微镜、盖玻片、载玻片、接种钩、解剖针、滤纸、20%甘油、玻璃纸、涂布棒、镊子等。

### ■任务实施

#### 1. 产黄青霉菌株(丝状菌)的扩大培养、检验及保存

(1)斜面培养基配制。配制察氏斜面培养基 1 000 mL。

(2)斜面孢子培养。冷冻孢子划线接种到装有察氏培养基的固体斜面上，25～28 ℃下恒温培养6～7 d后，培养基表面呈孢子颜色，镜检有大量孢子产生，培养结束，放入冰箱冷藏备用。

(3)大米孢子培养。将优质新米用水浸透(12～24 h)，然后倒入搪瓷盘内蒸 15 min(使大米粒仍保持分散状态)。蒸毕，取出搓散团块，稍冷，可加 0.5%～1.0 %玉米浆，分装于茄形瓶内，蒸汽灭菌(121 ℃，30 min)，冷却备用。取上面制备好的斜面孢子管，加入少量无菌水，制成孢子悬液，无菌条件下接入装有大米的茄形瓶中，培养过程中要注意翻动，使菌丝在大米表面能均匀生长，待 10 d 左右形成绿色孢子即可收获，真空冷冻干燥后备用(最好在 10 d 内使用)。

(4)产黄青霉菌株的保存。

(5)青霉菌直接制片观察。用接种钩或解剖针从试管或培养皿的菌落边缘交界处，挑取少量产黄青霉菌株培养物，浸入载玻片上的乳酸石炭酸棉蓝染液液滴内。用两根解剖针小心地将菌丝团分散开，使其不缠结成团，并将其全部浸湿，然后盖上盖玻片并轻轻按压，尽量避免产生气泡，如有气泡可慢慢加热除掉。将制好的载片标本置于低倍镜下观察，必要时换用高倍镜。镜检时能看到在青霉的有隔菌丝上长出直立的分生孢子梗，梗的顶端以帚状非对称式分枝形成梗基和瓶形小梗，小梗上长有成串的分生孢子(产黄青霉菌株区别于其他杂菌的明显特征)。

### 2. 产黄青霉菌株的液体种子培养

(1)液体培养基的配制及实消。种子培养基(%)：玉米浆 4.0(以干物质计)、蔗糖 2.4、硫酸铵 0.4、碳酸钙 0.4、少量新鲜豆油(消泡)；pH 值为 6.2～6.5。体积不超过种子罐有效容积的 0.6～0.7，实消。

(2)一级液体菌种培养。采用火焰封口接种法，将新鲜的大米孢子接入装有液体培养基且实消好的 5 L 种子罐中，参考接种量：100～200 g/L。25 ℃下培养 56 h，搅拌转速为 110 r/min，空气流量：0～50 h 为 0.5 vvm、50 h 后为 1.0 vvm，培养至对数生长后期移种[移种标准是外观微黄较稠，菌丝浓度(体积)为 10%～12%，菌丝细长，均匀无空泡]。

### 3. 产黄青霉菌株的二级发酵培养

(1)10 L 发酵培养基制备及实消。发酵培养基(%)：玉米浆 3.8(以干物质计)、乳糖 5.0、苯乙酸 0.5～0.8(考虑流加)、新鲜豆油 0.5(流加)、磷酸二氢钾 0.54、无水硫酸钠 0.54、碳酸钙 0.07、硫酸亚铁 0.018、硫酸锰 0.002 5；pH 值为 4.7～4.9。实消参数同一级液体种子培养基。

(2)接种。采用压差接种法，10 L 发酵液的接种用量为 1.0～1.5 L(10%～15%)，如接种量小可参考采用液体摇瓶制种。

(3)发酵控制。温度为 25 ℃，罐压为 0.04～0.10 MPa，搅拌转速为 120～130 r/min，空气流量为 0.50～0.95 vvm。当发酵液中氨氮含量下降至 450 μg/mL 以下时，开始补加硫酸铵。在后续发酵过程中控制发酵液氨氮含量为 300～500 μg/mL，并在线监控溶氧(DO)和 pH 值，考察发酵期间的最大菌丝浓度、氨氮代谢、糖代谢、发酵周期、放罐效价等参数。

(4)发酵终点确定。根据"镜检"判断，若菌丝中空泡扩大、增多及延伸，在自溶期即将来临之际，迅速停止发酵，立刻放罐，做好发酵液的预处理，准备进行发酵产物的提取。

**▍任务报告**

1. 任务目的要求
2. 任务材料准备
3. 任务实施方案
4. 任务结果分析

**▍任务反思**

**▍任务评价**

教师根据实训的具体情况设置评价标准。

## 子任务二　青霉素的提取

### ▌任务描述

发酵液中的抗生素含量一般都很低，因此，首先必须对发酵液进行浓缩。由于抗生素都是一些有机化合物，它们在有机溶剂中的溶解度要比在水溶液中的大，所以可采用萃取法，用有机溶剂把抗生素从发酵液中提取出来。本任务主要是将子任务一发酵好的青霉素发酵液过滤、用乙酸乙酯进行萃取滤液。

### ▌任务材料

（1）器材：层析柱、分液漏斗、减压旋转蒸发仪等。

（2）试剂：硅胶、乙酸乙酯、氯仿、甲醇等。

### ▌任务实施

（1）将任务所得的发酵液过滤，滤液加至分液漏斗中，加入 1/3 体积的乙酸乙酯（分 3 次加入），剧烈振摇，静置，待分层后收集有机相。

（2）将收集到的有机相减压蒸发，蒸去乙酸乙酯，称取浓缩物质量，然后在蒸发瓶中加少许硅胶，继续旋转蒸发 5 min，让浓缩液都吸附到硅胶上。

（3）称取浓缩物质量 50～100 倍的硅胶，用 98％氯仿/2％甲醇调匀，装柱。

（4）将样品加至硅胶层析柱上部，注意尽可能平整。

（5）加三倍硅胶体积的流动相（98％氯仿/2％甲醇），开始层析，收集层析液 A。

（6）依次用 95％氯仿/5％甲醇、90％氯仿/10％甲醇、85％氯仿/15％甲醇和 80％氯仿/20％甲醇层析，流动相的体积大致为硅胶体积的三倍，分别收集流出液 B、C、D 和 E。

（7）将各收集液减压蒸发后得到浓缩样品 A、B、C、D、E。

（8）对 A、B、C、D、E 分别进行抑菌试验，选取具有抑菌效果的部分继续进行分部分离（可换一种固定相或流动相），直到分部收集液中只有一种成分为止（可用薄层层析或高效液相色谱检验）。

### ▌任务报告

1. 任务目的要求
2. 任务材料准备
3. 任务实施方案
4. 任务结果分析

### ▌任务反思

### ▌任务评价

教师根据实训的具体情况设置评价标准。

# 子任务三　青霉素效价的测定

### ▌任务描述

　　本任务采用国际上最普遍应用的琼脂平板扩散法来测定子任务二提取的青霉素效价,将规格一定的不锈钢小管置于带菌琼脂平板上,管中加入被测液,在室温中扩散一定时间后放入恒温箱培养。在菌体生长的同时,被测液(抗生素)扩散到琼脂平板内,抑制周围菌体的生长或杀死周围菌体,从而产生不长菌的透明抑菌圈。在一定的范围内,抗菌物质的浓度(对数值)与抑菌圈直径(数学值)呈直线关系。

### ▌任务材料

　　(1)测定用指示菌:金黄色葡萄球菌(*Staphylococcus aureus* 209-p)。
　　(2)生物测定用培养基配方如下:蛋白胨 6 g、琼脂 18~20 g、酵母膏 3 g、蒸馏水 1 000 mL、牛肉膏 1.5 g、pH 值(灭菌后)为 6.5。生物测定时,培养皿内培养基分上下两层,上层培养基需另加 0.5% 葡辅糖,即每 100 mL 上层培养基中加入 50% 葡萄糖溶液 1 mL。
　　(3)苄青霉素钠盐 1 667 单位/mg(1 个国际单位等于 0.6 μg)。

### ▌任务实施

　　(1)金黄色葡萄球菌悬液的制备。取在琼脂培养基上连续培养 3~4 代(37 ℃,16~18 h/代)的金黄色葡萄球菌,用 0.85% 的生理盐水水洗,离心沉淀,倾去上层清液,菌体沉淀后再用生理盐水洗 1~2 次,最后将菌液稀释至 18~21 亿个/mL,或者用光电比色计测定,透光率应为 20%(波长 650 nm 处)。

　　(2)青霉素标准溶液的配制。准确称取纯苄青霉素钠盐 15~20 mg,溶解在一定量的 pH 值为 6.0 的磷酸缓冲液中,配制成 2 000 单位/mL 的青霉素溶液。然后依次稀释,配制成 10 单位/mL 青霉素标准工作液。

　　(3)青霉素标准曲线的制备。取灭菌培养皿 15 套(应选择大小一致,皿底平坦的),每皿用大口吸管吸取已冷却至 45 ℃左右的下层培养基 21 mL。水平放置,待凝固之后,再加入含菌上层培养基 4 mL,将培养皿来回倾侧,使含菌的上层培养基均匀分布。

　　上层培养基在使用前先冷却至 50 ℃左右,每 100 mL 培养基内加入 50% 葡萄糖溶液 1 mL及金黄色葡萄球菌悬液 3~5 mL,充分摇匀,在 50 ℃水浴槽内放置 10 min 后使用。青霉素溶液的抑菌大小与上层培养基内菌体的浓度密切相关。增加菌浓度,抑菌圈就缩小。试验中加入菌体的量应控制在使 1 单位/mL,青霉素溶液的抑菌圈直径在 20~24 mm。

　　待上层培养基完全凝固之后,在每个琼脂平板上轻轻地放置不锈钢小管 4 支,小管之间的距离应相等;然后用带有乳胶帽的滴管将青霉素标准溶液加入小管内,每一浓度做 3 皿重复。

　　青霉素溶液加完后,盖上培养皿盖,将培养皿移至 37 ℃恒温箱内培养 18~24 h 后,移去小管,精确地量取抑菌圈直径并记录数据。

　　(4)计算。
　　1)各组(各剂量点)抑菌直径平均值。
　　2)各组 1 单位/mL 的抑菌圈直径平均值。
　　3)15 套培养中 1 单位/mL 的抑菌圈直径平均值。
　　4)以 1 单位/mL 的抑菌圈直径总平均值来校正各组 1 单位/mL 的抑菌直径的平均值,求得各组的校正数。
　　5)以校正数校正各剂量点的抑菌圈直径平均值,求得校正值。

6)以青霉素浓度(单位/mL)的对数值为纵坐标、以抑菌圈直径的校正值(mm，数学值)为横坐标，绘制标准曲线。

依据不同时间检品稀释液抑菌圈直径的校正值在标准曲线上分别查得各检品稀释液的效价，再乘以检品的稀释倍数，即可计算出各个检品(不同发酵时间的青霉素发酵液)的效价。

■任务报告

1. 任务目的要求
2. 任务材料准备
3. 任务实施方案
4. 任务结果分析

■任务反思

■任务评价

教师根据学校的具体情况设置评价标准。

附注：各种青霉素制剂的效价(国际单位)

苄青霉素钠盐每毫克＝1 667 国际单位

苄青霉素钾盐每毫克＝1 595 国际单位

苄青霉素钙盐每毫克＝1 591 国际单位

苄青霉素普鲁卡因盐每毫克＝1 009 国际单位

项目小结

1. 抗生素是由生物(包括某些微生物、植物和动物在内)在其生命活动过程中产生的，能在低浓度下有选择地抑制或杀灭他种生物机能的低分子量的有机物质。

2. 本项目先对青霉素做了简要介绍，包括青霉素的发现、化学结构、理化性质。理化性质中的溶解度、吸湿性、稳定性，是青霉素生产、提取及精制过程中工艺条件控制的重要考虑因素。之后在青霉素发酵生产工艺中阐述了其生产原理、发酵工艺过程及提取和精制工艺过程。在讲述生产原理时，介绍了青霉素的生产菌种及其生长发育特点和培养方法，以及青霉素的生物合成原理。只有明白了青霉素的生物合成原理，才能知道如何进行青霉素生产的代谢调控，发酵生产向有利于提高产量的方向进行。

3. 发酵工艺过程包括发酵工艺流程和工艺控制两部分内容。其中，工艺控制包括种子质量的控制、培养基成分的控制和发酵培养条件的控制。青霉素的提取和精制工艺过程，包括工艺流程介绍和提取、精制工艺控制要点两部分内容。其中，工艺控制包括预处理及过滤、萃取、脱色和结晶四个阶段。

4. 以10 L青霉素的发酵实训为例对青霉素发酵过程中菌种的扩培、保存、发酵过程控制进行了具体操作指导。

# 参考文献

[1]　黄方一，程爱芳．发酵工程[M]．3 版．武汉：华中师范大学出版社，2013.

[2]　谢梅英，别智鑫．发酵技术[M]．北京：化学工业出版社，2007.

[3]　余龙江．发酵工程原理与技术应用[M]．北京：化学工业出版社，2006.

[4]　欧阳平凯．发酵工程关键技术及其应用[M]．北京：化学工业出版社，2005.

[5]　白秀峰．发酵工艺学[M]．北京：中国医药科技出版社，2003.

[6]　姚汝华，周世水．微生物工程工艺原理[M]．2 版．广州：华南理工大学出版社，2005.

[7]　孙俊良．发酵工艺[M]．北京：中国农业出版社，2002.

[8]　沈萍．微生物学[M]．北京：高等教育出版社，2000.

[9]　熊宗贵．发酵工艺原理[M]．北京：中国医药科技出版社，1995.

[10]　岑沛霖．生物工程导论[M]．北京：化学工业出版社，2004.

[11]　党建章．发酵工艺教程[M]．北京：中国轻工业出版社，2003.

[12]　黄晓梅，周桃英，何敏．发酵技术[M]．北京：化学工业出版社，2013.

[13]　何建勇．发酵工艺学[M]．2 版．北京：中国医药科技出版社，2009.

[14]　魏银萍，吴旭乾，刘颖．发酵工程技术[M]．武汉：华中师范大学出版社，2011.

[15]　刘冬，张学仁．发酵工程[M]．北京：高等教育出版社，2007.

[16]　秦春娥，别运清．微生物及其应用[M]．武汉：湖北科学技术出版社，2008.

[17]　朱珠．软饮料加工技术[M]．2 版．北京：化学工业出版社，2011.

[18]　于信令．味精工业手册[M]．2 版．北京：中国轻工业出版社，2009.

[19]　陈坚，堵国成，张东旭．发酵工程实验技术[M]．2 版．北京：化学工业出版社，2009.

[20]　陈坚，堵国成．发酵工程原理与技术[M]．北京：化学工业出版社，2012.

[21]　何佳，赵启美，侯玉泽．微生物工程概论[M]．2 版．北京：兵器工业出版社，2008.

[22]　盛成乐．生化工艺[M]．2 版．北京：化学工业出版社，2009.

[23]　李莉，陈其国．微生物基础技术[M]．武汉：武汉理工大学出版社，2010.

[24]　宋超先．微生物与发酵基础教程[M]．天津：天津大学出版社，2007.

[25]　韩德权．发酵工程[M]．哈尔滨：黑龙江大学出版社，2008.

[26]　刘国生．微生物学实验技术[M]．北京：科学出版社，2007.

[27]　曹军卫，马辉文，张甲耀．微生物工程[M]．2 版．北京：科学出版社，2007.

[28]　彭志英．食品生物技术导论[M]．北京：中国轻工业出版社，2008.

[29]　王岁楼，熊卫东．生化工程[M]．北京：中国医药科技出版社，2002.

[30]　管斌．发酵实验技术与方案[M]．北京：化学工业出版社，2010.

[31]　邱树毅．生物工艺学[M]．北京：化学工业出版社，2009.

[32]　汪家政，范明．蛋白质技术手册[M]．北京：科学出版社，2000.

[33]　梅乐和，姚善泾，林东强，等．生化生产工艺学[M]．2 版．北京：科学出版社，2007.

[34]　毛忠贵．生物工业下游技术[M]．北京：中国轻工业出版社，1999.

[35] 姜锡瑞，段钢．新编酶制剂实用技术手册[M]．北京：中国轻工业出版社，2002.

[36] 罗大珍，林稚兰．现代微生物发酵及技术教程[M]．北京：北京大学出版社，2006.

[37] 田洪涛．现代发酵工艺原理与技术[M]．北京：化学工业出版社，2007.

[38] 俞俊棠，唐孝宣．生物工艺学[M]．上海：华东理工大学出版社，1991.

[39] 严希康．生化分离技术[M]．上海：华东理工大学出版社，1996.

[40] 张文治．新编食品微生物学[M]．北京：中国轻工业出版社，1995.

[41] 张伟国，钱和．氨基酸生产技术及其应用[M]．北京：中国轻工业出版社，1997.

[42] 韩德权，王莘．微生物发酵工艺学原理[M]．北京：化学工业出版社，2013.

[43] 陆强，邓修．提取与分离天然产物中有效成分的新方法——双水相萃取技术[J]．中成药，2000，22(09)：653-655.

[44] 高孔荣．发酵设备[M]．北京：中国轻工业出版社，1991.

[45] 周德庆．微生物学教程[M]．2版．北京：高等教育出版社，2002.

[46] 李勃．微生物发酵生产耐酸性 α-淀粉酶的研究[D]．西安：西北大学，2009.

[47] 诸葛健，王正祥．工业微生物实验技术手册[M]．北京：中国轻工业出版社，1994.

[48] 吕阳爱．谷氨酸发酵过程污染噬菌体的处理[J]．发酵科技通讯，2009，38(04)：25-26.

[49] 刘森芝．谷氨酸发酵生产菌的研究与开发[J]．发酵科技通讯，2009，38(02)：1-2.

[50] 刘辰．木薯原料生产柠檬酸工艺的研究[D]．无锡：江南大学，2005.

[51] 于文国．微生物制药及反应器[M]．2版．北京：化学工业出版社，2011.

[52] 庞巧兰，李庆刚．玉米浆对青霉素发酵生产的影响[J]．中国医药工业杂志，2006，37(08)：528-530.

[53] 庞巧兰，李庆刚．青霉素发酵罐的接种工艺改进[J]．齐鲁药事，2005，24(09)：571-573.

[54] 曹国柔，徐亲民，巢天浩，等．青霉素产生菌产黄青霉 80-7-209 的特性考察[J]．抗生素，1983(01)：1-4.